中国轻工业“十三五”规划教材
“互联网+”新形态立体化教学资源特色教材

PRINT PATTERN DESIGN

印花图案设计

余兰 编著

中国轻工业出版社

图书在版编目（CIP）数据

印花图案设计 / 余兰编著. —北京：中国轻工业出版社，2021.6
ISBN 978-7-5184-3019-2

Ⅰ. ①印… Ⅱ. ①余… Ⅲ. ①印花图案－图案设计－高等职业教育－教材 Ⅳ. ①TS194.1

中国版本图书馆CIP数据核字（2020）第088167号

责任编辑：李　红　　责任终审：张乃柬　　整体设计：锋尚设计
责任校对：方　敏　　责任监印：张　可

出版发行：中国轻工业出版社（北京东长安街6号，邮编：100740）
印　　刷：艺堂印刷（天津）有限公司
经　　销：各地新华书店
版　　次：2021年6月第1版第1次印刷
开　　本：889×1194　1/16　印张：7.75
字　　数：220千字
书　　号：ISBN 978-7-5184-3019-2　定价：49.80元
邮购电话：010-65241695
发行电话：010-85119835　传真：85113293
网　　址：http://www.chlip.com.cn
Email：club@chlip.com.cn
如发现图书残缺请与我社邮购联系调换
191455J1X101ZBW

前言 

本教材按照“以工作任务为导向”和“慕课翻转课堂”的编写方式，以成果导向作为教学设计的指导原则，适合线上线下混合式教学，与之配套的慕课“印花设计与分色”和“印花艺术设计”分别在“中国大学MOOC”和“智慧树”平台同步上线，实现了立体化教材和线上线下混合式教学。

教材编写以国家职业标准为导向来开发和设计教材体系及教材内容。本教材提供了大量设计实例图片，为设计相关专业学生的设计学习提供了非常丰富的参考资料，满足本科、高职院校学生与社会学者学习的差异性，解决不同层次、不同水平学员的学习需求。本教材为江苏省“青蓝工程”优秀青年骨干教师基金资助项目。感谢江苏蓝羽家用纺织品有限公司提供案例。

在教材和慕课中均设计了一定量的课堂练习和项目任务，教师可根据需求，引导学生完成作业，参与讨论。可根据学生数量和教室规模实施分组教学，每小组4～6人为宜，建议课堂授课环节如下表：

周数	课前	课堂授课环节				课后
		第1学时	第2学时	第3学时	第4学时	
1	—	自我介绍	课程介绍	线上学习	线下实践	参与讨论、完成任务
2	慕课预习、自学教材	项目布置	小组合作	任务实践	汇报互评	参与讨论、完成任务
…	慕课预习、自学教材	项目布置	小组合作	任务实践	汇报互评	参与讨论、完成任务
19	慕课预习、自学教材	项目布置	小组合作	任务实践	汇报互评	参与讨论、期末考核

章节教学安排时间如下表：

学习模块	章节安排	教学模式建议	学时分配	
印花图案设计概述	印花图案概述	翻转课堂、混合式	2线上+2线下	12
	印染的前世今生	翻转课堂、混合式	2线上+2线下	
	印花工艺的革新	翻转课堂、混合式	2线上+2线下	
印花图案设计方法	主题灵感构思方法	小组探究、团队合作	2线上+2线下	12
	色彩提取搭配方法	小组探究、团队合作	2线上+2线下	
	组织排列接版方法	小组探究、团队合作	2线上+2线下	
印花图案表现技法	传统手绘技法	任务驱动、项目引领	8	24
	常规手绘技法	任务驱动、项目引领	8	
	特殊表现技法	任务驱动、项目引领	8	
印花图案设计应用	不同类别产品印花图案配套	案例赏析、启发引导	4	12
	不同面料和工艺的印花产品	案例赏析、启发引导	4	
	不同风格适用性的印花产品	案例赏析、启发引导	4	
印花图案未来趋势	印花图案未来趋势	角色互换、评讲总结	4	4
注：可根据具体教学需要进行调整			共64课时	

目录

第一章 印花图案设计概述

第二章 印花图案设计方法

第一章

印花图案设计概述

学习目标

【知识目标】通过对印花图案概念的认识，分析不同题材和品类的印花产品的艺术特征。

【能力目标】追随印染文化的渊源，体会并实践中国传统印染工艺。

【素质目标】了解印花设备的原理和工艺流程，为印花图案设计打下基础。

教学过程

<table>
<tr><th colspan="3">阶段</th><th>教学过程</th></tr>
<tr><td>序号</td><td colspan="2">任务实施步骤</td><td>任务具体分解</td></tr>
<tr><td>1</td><td>资讯</td><td rowspan="2">接受任务
↓
收集资料
↓
市场调研
↓</td><td>• 学习准备（采用线上线下混合式教学，教师讲解必备的专业知识要点，提供所需学习资料）</td></tr>
<tr><td>2</td><td>计划</td><td>• 布置项目工作任务（根据扎染/蜡染的步骤流程，结合学习情境布置说明相关实际任务）
• 准备工具材料（根据手工印染的要求，准备相应的工具和材料）</td></tr>
<tr><td>3</td><td>决策</td><td rowspan="2">设计构思
↓
成品制作
↓</td><td rowspan="2">• 查阅搜集相关资料，制定扎染/蜡染的设计方案（由学生组成学习小组，分组进行）
• 初稿设计→扎、缝、捆/蜡绘→染色→漂洗→晾干熨烫→成品制作</td></tr>
<tr><td>4</td><td>实施</td></tr>
<tr><td>5</td><td>检查</td><td rowspan="2">设计分析
↓
整体评审</td><td rowspan="2">• 对完成作品进行展示，小组派代表分析讲解
• 对各组扎染/蜡染作品进行总结分析（针对成品演示，进行专题讨论，学生主讲，工作室导师与专任教师共同引导）
• 小组将作品陈列展示，并完成最终成品，拍照上传平台
• 项目总结，小组互评+教师评价，填写情境考核表等</td></tr>
<tr><td>6</td><td>评估</td></tr>
</table>

【设计任务】

<table>
<tr><td>项目任务一</td><td>扎染制作</td><td>课时</td><td>4课时</td></tr>
<tr><td>工作任务内容</td><td>设计一条扎染围巾</td><td>地点</td><td>印染工作室</td></tr>
<tr><td>任务提交要求</td><td colspan="3">1. 题材：几何抽象图案或民间传统纹样，风格具象、抽象或装饰不限
2. 作品尺寸：30cm × 100cm，能表现扎染的独特肌理与艺术特点</td></tr>
<tr><td>项目任务二</td><td>蜡染制作</td><td>课时</td><td>4课时</td></tr>
<tr><td>工作任务内容</td><td>设计一幅蜡染装饰壁挂</td><td>地点</td><td>印染工作室</td></tr>
<tr><td>任务提交要求</td><td colspan="3">1. 选择花卉、人物、风景、动物等任意主题
2. 作品尺寸：50cm × 50cm，蜡染技法与表现题材、装饰风格和谐统一</td></tr>
</table>

【相关知识】

第一节　印花图案概述

一、印花图案的概念

1. 印花的定义

印花是用染料或颜料在纺织物上施印花纹的工艺过程。

2. 图案的定义

图案即图形的设计方案。图案教育家陈之佛先生在1928年提出“图案是构想图。它不仅是平面的，也是立体的；是创造性的计划，也是设计实现的阶段。”图案教育家、理论家雷圭元先生在《图案基础》一书中，对图案的定义综述为“图案是实用美术、装饰美术、建筑美术方面，关于形式、色彩、结构的预先设计。在工艺材料、用途、经济、生产等条件制约下，制成图样，装饰纹样等方案的通称。”一般而言，可以把非再现性的图形表现，包括几何图形、视觉艺术、装饰艺术等具有装饰意味的花纹或图形称之为图案。

3. 印花图案的定义

图案的造型语言是主题内容的表现形式，印花图案是印花面料的重要构成部分。印花图案通过印染的方式呈现在服装服饰、家居家纺、文创产品上，起到修饰、美化的作用，是一种装饰性和实用性相结合的艺术形态（图1-1）。

4. 学习印花图案设计的意义

印花图案所涵盖的历史和文化非常深厚。经过上千年艺术流派的变迁、生活方式的改变、技术条件的进步，造就了大批经典图案。因此，每一个成功的图案设计，都在特定的历史背景、技术限制和市场需求下，准确地传达着一种人文情调、艺术品位、时尚概念，以反映消费者的不同需求。

二、印花图案的题材

俗话说“远看色彩近看花”，说的是在人类观察事物的过程中，首先引起视觉反应的是色彩，然后便是花型。自进入文明时代开始，人类选择纺织产品多是以色彩和花型为标准，可以说图案设计是印花纺织品的灵魂。在技术和文化多元发展的当代，图案设计更是一个多元的、综合的、文化的、生活方式的创造过程，可以说纺织品是图案的载体，同时又因图案获得了艺术的彰显，赋予了服饰、家居文化以内涵和魅力。

印花图案的题材广泛而丰富，目前市场上比较常见的几种类型大致可分为：花卉植物图案、几何抽象图案、卡通图案和民族人文图案四大类。

1. 花卉植物图案

花卉因其美好的形态和寓意，一直是设计师乐

图 1-1　印花图案产品

于表现的主题题材，是印花图案中适用面广并且经久不衰的重要题材之一。像牡丹花、玫瑰花、百合花、郁金香等都是常见的花卉题材。花卉植物图案又可分为写实花卉图案和写意花卉图案。

（1）**写实花卉图案：**特点是表现细微，造型生动，多用于服装和家纺（图1-2）。

（2）**写意花卉图案：**也称装饰花卉图案，具有造型夸张、线条流畅的特点，充满活力和视觉冲击力（图1-3）。

无论写实花卉图案还是写意花卉图案，设计运用时都必须以美学法则为指导，表现出生动活泼的形式美感。在处理方法上要做到主次有别、排列有序、穿插自如，形态造型上要做到繁简相宜、动静相应、虚实相望（图1-4）。

（3）**叶子图案：**绿色生活理念越来越多地受到全球各地的人们的推崇，城市正在向绿色靠拢，植物逐渐作为美好生活的象征物出现在我们眼前。热带雨林植物是现代“网红”元素。从棕榈叶壁纸到芭蕉叶墙布，热带元素频繁出现在时尚单品和家居软装当中。其霸占着各大社交平台的时尚版面，多年来势头不减。随意百搭的外观和那一抹绿色，为家里增添了一份随意和自然气息（图1-5）。

（4）**花鸟图案：**在图案设计中，花卉的运用总会给人带来惊喜，与任何元素的组合设计都会展现出不一样的效果。花卉与鸟的组合一直是图案设计中最常使用的搭配，所呈现的画面感相比全花卉的设计更添加了一种生机。以花鸟鱼虫为主题，包括蜻蜓，蝴蝶和蜂鸟。动植物的形象采

图 1-2　写实花卉图案

图 1-3　写意花卉图案

图 1-4　花卉图案

图 1-5　叶子图案

用轻盈明快的画风表现，呈现生机盎然的视觉效果（图1-6）。

2. 几何抽象图案

这类图案是印花纺织品设计中不可或缺的类型，被广泛应用于各类服装服饰和家居家纺设计中（图1-7），深受各年龄段的人们的喜爱，成为永久的流行。几何抽象图案可以分为两大类，即几何形图案和肌理图案。

（1）几何形图案：是指规则的正方形、三角形、圆形等几何形构成的图案，造型简洁大方、色彩明快强烈（图1-8）。几何形图案的印花产品最直接地表达了设计的美学原理和法则，大小疏密的几何形元素灵活组合后用于服装中（图1-9），均可表现出简洁、严谨、比例、节奏、秩序的美

图 1-6　花鸟图案

图 1-7　几何抽象图案

图 1-8　几何形图案

感，具有强烈的视觉冲击力和视觉张力。应用了多形状的几何图形组合图案的服装和家纺产品（图1-10），在进行设计时需要注意边线、面积、方向、色彩等要素的统一，以获得图案的整体协调感。

（2）**肌理图案**：是指描绘不具体物象的图案，与几何形图案相对应，肌理图案（图1-11）来自于具象形态的概括和升华。肌理图案剔除了物象的概念，以直线、曲线、涡旋线等组合的面，结合徒手、平涂、晕染等多种技法呈现出丰富的视觉和触觉感受，给印花图案设计带来了无限的遐想空间，同时肌理图案所设计的印花产品成为当今设计师表达以人为本、尊重自然和天人合一居住理念的重要方式（图1-12）。

图 1-9　几何图案服装

图 1-10　几何图案家纺

图 1-11　肌理图案

图 1-12　肌理图案印花家纺

图 1-13　米老鼠图案儿童家纺

图 1-14　维尼熊图案儿童家纺

图 1-15　凯蒂猫图案儿童家纺

3. 卡通图案

可分为两类：儿童卡通图案和成人卡通图案。

（1）儿童卡通图案：是指来自动画片或漫画作品中的形象构成的图案，是儿童服饰和家纺设计中的主要图案题材。最常见的有：米老鼠图案（图1-13）、维尼熊图案（图1-14）、凯蒂猫图案（图1-15）等，也有以卡通手段表现的其他不知名的动物和人物等造型。

儿童卡通图案是通过变形、夸张、拟人化等手法表现儿童内心世界的一类印花花型，此类图案在儿童家纺中占主导地位。图案以主体化的造型与个性化的样式、强烈的视觉效果表现出流行而深受儿童喜爱的形象。

（2）成人卡通图案：以往卡通图案常应用在

儿童服饰和家纺设计中，随着观念和流行的改变，卡通动漫也逐渐被成年人接受和喜爱，拓宽了卡通图案在印花产品（图1-16）中的应用，成人卡通图案以动漫形象和时尚城市元素为主（图1-17），使产品多了几分轻松和调皮，为现代都市年轻人所追求。它同样可以用各种表现手法演绎不同的风格，表达时尚的审美取向。

4. 民族人文图案

民族人文图案始终处于长盛不衰的地位。它是人类历史上各个民族、各个时代所产生的优秀文化瑰宝，并受特定的文化和地域限制，形成比其他类型的图案更为复杂的内容与形式。如我国的传统纹样、吉祥图案；国外的佩兹利图案、朱伊图案、补丁图案等。在图案表现上各地区差异很大，有的写实，鲜明而强烈；有的写意，柔和而淡雅；有的质朴，粗犷而豪放（图1-18）。

（1）吉祥图案：它是中国传统图案样式，以隐喻、象征等手法，结合谐音、想象等含蓄地表现出具有吉祥意味的纹样组合。例如，龙凤纹（图1-19）、缠枝纹（图1-20）、八吉祥（图1-21）、藻井图案（图1-22）等，中国传统染织面料中应用最广的图案样式是中国政治、文化、风俗、审美、心理等方面的综合体现。

中国传统吉祥图案作为中国人实现理想和美好

图 1-16　成人卡通图案家纺

图 1-17　成人卡通图案服装

图 1-18　民族人文图案

图 1-19　龙凤纹

图 1-20　缠枝纹

图 1-21　八吉祥

图 1-22　藻井图案

图 1-23　吉祥图案服饰

图 1-24　缠枝图案家纺

图 1-25　藻井图案家纺

祈盼的一种载体，给服饰（图1-23）和家居、家纺（图1-24、图1-25）文化增添了美好的色彩。

（2）佩兹利纹样：又称火腿纹、腰果纹，图案以涡旋形为基本形，结合花草等装饰纹样构成（图1-26）。佩兹利图案的原型来源于东南亚和印度藤本植物的果实，最初由克什米尔人用提花工艺表现于披肩设计中。18世纪初，苏格兰西南部的佩兹利城市发展了机器制造业，使该图案的披肩、头巾、围巾远销世界，佩兹利纹样从而流行起来。佩兹利纹寓意吉祥美好，绵延不断。并以其细腻、反复、华美的艺术特征，成为世界性图案。

伴随着服饰与家居文化的发展，今天的佩兹利

图 1-26　佩兹利纹样

图 1-27　佩兹利图案服饰

图 1-28　佩兹利图案家居

图案因具有很强的图案适应性已渗透各种服饰（图1-27）与家居、家纺设计（图1-28、图1-29）中，佩兹利纹样造型富丽典雅、活泼灵动，数百年来流行不衰，被誉为兼具传统经典与现代时尚双重特性的图案。

（3）朱伊图案：法国传统印花布图案，以人物、动物、植物、器物等构成的田园风光、劳动场景、神话传说、人物事件等形成连续循环图案（图1-30）。无论是运用在服装服饰上（图1-31）还是家居家纺上（图1-32），都可以体现图案层次分明，造型逼真、形象繁多、刻画精细，并以正向图形表现的特征，是最具绘画情节感的面料图案之

图 1-29　佩兹利图案家纺

图 1-30　朱伊图案

图 1-31　朱伊图案服饰

图 1-32　朱伊图案家纺

一。色调以单色为特色，常用深蓝、深红、深绿、深米色，分别印在本色布匹上形成图案。统一套色和手法使复杂的图形设计极具协调感，形色间呈现出人间古朴而浪漫的气息，是绘画艺术和实用艺术结合的典范。

（4）补丁图案：是指以补丁状连接有纹饰块面的图案。源于美国流行的古老的绗缝工艺图案和中国民间的“百衲衣”“水田衣”图案。在构图组织上模仿绗缝拼接的形式，图案常将不同题材、不同花型、不同时期、不同风格的图案拼接在一起，形成相互叠压、时空错位、丰富有序的平面视觉效果。主要用于具有浓厚生活情调的服装（图1-33）、家纺（图1-34）等，使家居环境在现代气息中多了几分乡村的怀旧感。

（5）莫里斯图案：英国维多利亚时代的艺术家威廉·莫里斯（William Morris，1834—1896年）被誉为现代设计的先驱，英国工艺美术运动的产生也得益于他的努力。莫里斯是拉斐尔前派的重要画家，但他名垂青史的原因并不是因为画作，而是他那一幅幅细腻严谨又不失美感的印花图案。因此，他也被称为“图案之王”。1861年，莫里斯与同伴成立了商贸装饰公司，从此开始了具体的设计生涯。在二三十年的设计探索中，莫里斯不断尝试用各种印染方法来表现纺织品。终于，他以细腻又大胆、自然又创新的独特设计手法以及和谐优良的染色效果，使其生产的纺织品在英国当时的印染业中脱颖而出，甚至许多英国家庭以拥有莫里斯设计的印花布而骄傲。莫里斯的印花图案有着“自然主义”的简洁和朴素，形成了独树一帜的、富有装饰性的“自然之美”。其中经典壁纸“棚架”“忍冬”“草莓小偷”（图1-35）等，在色彩的使用和搭配上十分挑剔，甚至到了苛刻的地步。对于像“忍冬”这样的大尺度图案，莫里斯认为不仅适合大房间，也可以使小房间更显宁静。

莫里斯特别崇尚中世纪的哥特式风格，并且深受东方艺术影响。因此，他的图案具有一种优雅、华美和轻快的风格。因为深受奥古斯塔斯·普金平面化图案设计思想的影响，莫里斯设

图 1-33　补丁图案服装

图 1-34　补丁图案家纺

图 1-35　莫里斯经典壁纸图案

计的图案总是把植物平面化处理，强调图案的几何结构。在他的图案里，我们不难发现几何对称和旋转等图样形式被大量使用，以适应“自然主义”风格。古典、简洁、贴近自然，这三个词可以基本概括莫里斯印花图案的总体特点。莫里斯的图案之所以被看作经典，是因为他在设计上的执着和不懈追求，以及他在设计理念上一直坚持产品设计是要为大多数人服务的。直到现在，他设计的那些图案还是经久不衰，被广泛运用在各个领域，无论在服装、服饰、背包（图1-36）上，还是在墙布、壁纸等家居用品上（图1-37），都深受大家喜爱。

（6）马赛克瓷砖图案：摩洛哥马赛克瓷砖举世闻名，精致繁复的花纹变化无穷却又暗藏章法。马赛克瓷砖形与形之间严丝合缝，以明黄、橄榄绿、陶土红和摩洛哥蓝几种颜色的完美搭配，令人叫绝。这种伊斯兰艺术形式曾是摩洛哥建筑的主要特征之一，制成的马赛克瓷砖用来装饰墙壁、天花板、地板、桌面等，图案往往呈现各种几何图案与多种色彩。从美丽的异域墙壁花纹、色彩提取灵感，重复连续，或多花纹组合，或构成新的艺术花纹（图1-38）。这种形式没有国界的限制，与各国元素都可以较好衔接。其应用在服装和家纺的面料上透着浓郁的异域风情（图1-39）。

印花图案设计能反映社会的精神面貌，折射出一方地域的民族文化特征，更传递着一种生活的时尚信息。无数具有不同时代风貌的印花图案，既代代相传又不断创新，时尚的潮流千回百转，但优秀的印花图案一旦和时尚元素相融合，就会绽放出奇光异彩，成为设计新宠。

图 1-36　莫里斯图案服饰及背包

图 1-37　莫里斯图案家居用品

图 1-38　瓷砖图案

图 1-39　马赛克瓷砖图案家纺

图 1-40　衣装图案

图 1-41　裤装图案

图 1-42　裙装图案

图 1-43　时装系列

三、印花产品的种类

在我们的生活中，印花产品的形式多种多样，种类繁多，从使用功能的角度对印花产品进行归纳，大体可分为以下三类：服装服饰印花、家居家纺印花和文化创意产品印花。

1. 服装服饰印花

服装图案是伴随着服装的进步发展起来的，包括衣装图案（图1-40）、裤装图案（图1-41）、裙装图案（图1-42）等，图案应适应不同服装类别的性质。例如，时装系列（图1-43）、职业装系列（图1-44）、休闲装系列（图1-45）、童装系列（图

图 1-44　职业装系列

图 1-45　休闲装系列

图 1-46　童装系列

图 1-47　家居服系列

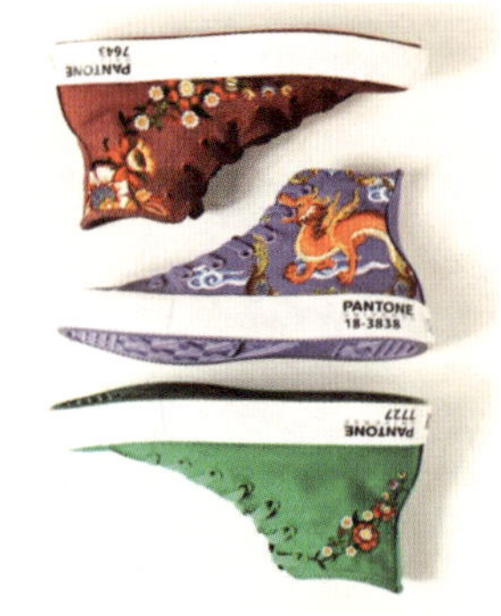

图 1-48　鞋

图 1-49　围巾

图 1-50　包袋

图 1-51　床上用品

图 1-52　窗帘

图 1-53　地毯

图 1-54　墙布

1-46）、家居服系列（图1-47）等。

因服装的功能、风格、款式、工艺、材料，以及穿着者的民族、习惯、年龄、性别等各要素的影响，设计印花图案的时候，应考虑着装的场合、年龄的差异，社会因素、环境效果等，要结合不同质地的面料进行设计。

服饰图案特指服装的饰品图案，主要有：鞋（图1-48）、袜、帽、围巾（图1-49）、腰带、纽扣、包袋（图1-50）等饰品的图案。

2. 家居家纺印花

室内纺织品历来是印花织物面料设计得以展示的广阔天地，家居家纺产品占据室内空间很大的比重，印花织物应用的种类也很丰富，包括床上用品（床单、床罩、床盖、枕套等）（图1-51）、窗帘（图1-52）、地毯（图1-53）、墙布（图1-54）、沙发（图1-55）、坐垫（图1-56）、巾类（图1-57）

图 1-55　沙发

图 1-56　坐垫

图 1-57　巾类

图 1-58　生活日用品

图 1-59　工艺美术品

图 1-60　文化衍生品

图 1-61　旅游纪念品

图 1-62　品牌形象宣传品

等，还包括各类印花织物制成的装饰品。

每一款家居家纺印花图案的设计都与产品的功能、款式、材料工艺以及社会文化、审美习俗、时尚流行、消费对象等因素紧密关联，因此，图案在内容、造型、格式、色彩、风格等方面呈现出极其丰富的样式。所以，室内纺织品印花设计应从空间的角度着眼，从环境的角度立足，立体地、活动地、发展地研究空间的变化，空间的属性、空间的功能、空间的风格、空间的色彩，使纺织品印花装饰物的设计真正起到美化、装点环境的作用，给人以和谐的视觉美感，并随着时尚流行变换装饰风格，营造出舒适、丰富、统一、多样的完美空间。

3. 文化创意产品印花

在国家的高度重视下，经过社会各界多年的努力，文化创意产业得到迅速发展。文化创意不仅为企业所关注，更已进入平常百姓家，“文创”一词也成了常用语。文创产品顾名思义是文化创意产品，是指依靠创意人的智慧、技能和天赋，借助现代科技手段对文化资源、文化用品进行创造与提升，一般是以文化、创意理念为核心。包括：生活日用品（图1-58）、工艺美术品（图1-59）、文化衍生品（图1-60）、旅游纪念品（图1-61）、品牌形象宣传品（图1-62）等。

“故宫文创”（图1-63）就是具有中国传统文

图 1-63　故宫文创系列产品

化创新的创意产品，其最大的意义在于让优秀的传统文化内涵能够融入日常使用的产品中，使每一位使用者在使用该产品时，都能以一种更加轻松、有趣的方式去解读中国传统文化内涵，传递一种积极向上的生活态度。

自古以来，纺织品与人类生活密切相关。我们的祖先在数千年的纺织生产进程中，创造了无数具有中华民族特色的印花图案，随着“一带一路”国际化贸易新格局的到来，纺织行业迎来了发展的大好时机，印花设计的内涵更应多元化、个性化、综合化，它在日益发展的高科技的作用下，紧密维系着人们的生活方式、价值观念与时尚审美，体现着科学与美学、技术与艺术的高度统一，促进了各个行业印花设计的不断创新！

第二节　印染的前世今生

我国传统印染技艺历史悠久，据考证早在新石器时期，人们便在生活实践中逐步摸索，渐渐学会了利用天然纤维进行结、编、织等技术，这就是纺织的雏形。随着织工艺的发展，我国在三皇五帝时代便有了服制，中国古代就利用天然染料进行染色，商周时期利用矿植物制染料的工艺逐渐成熟，到了周代对织物染色日益重视。

从印染方式上来说，先秦时期的“画缋织物”（图1-64）、汉代的“印花敷彩”以及型版印花，均为直接印花，但其色牢度不佳，因而逐渐被浸染代替。商周时期，染色技术不断提高，宫廷手工作坊中设有专职的官吏“染人”来“掌染草”，管理染色生产。到汉代，染色技术达到了相当高的水平。凸纹印花技术在西汉已具有相当高的水平。长沙马王堆出土的印花敷彩纱（图1-65）和金银色印花纱，就是用凸纹印花与绘画结合的方法制成的。

唐代的印染业相当发达，除缬的数量、质量都有所提高外，种类也丰富起来，有夹缬、蜡缬、绞缬、拓印、碱印等，用于服饰与家居的装饰面料。如日本正仓院保存了一批唐朝时从我国传去的夹缬作品，其中有染着五彩花鸟的薄纱（图1-66），也有制作精美的大件屏风。多以富于装饰效果的山水、花鸟、动物、树石等为纹样题材，充分展示了唐朝缬的艺术成就。

到了宋代，我国的印染技术已经比较全面，色谱也较齐备。到了明清时期，我国的染料应用技术已经达到相当高的水平，染坊也有了很大发展。明清时期的染织工艺高度发达，图案的艺术表现和装

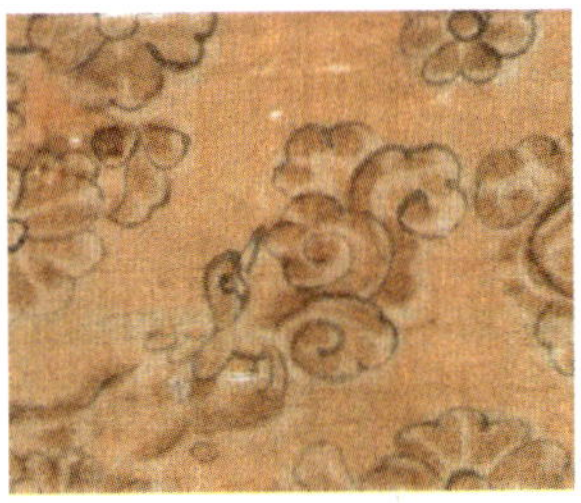

图 1-64　画缋织物

图 1-65　长沙马王堆出土的印花敷彩纱

图 1-66　青地夹缬绝桌垫（唐）

图 1-67　彩印花布

图 1-68　蓝印花布

饰作用也达到很高的艺术水准，其宫廷服饰、居室装饰图案可算是最突出的例证。

一、彩印花布

彩印花布是用彩色染料印制而成的纺织品。制作技法分为捺印、拓印及花版刷印等。捺印、拓印的步骤是先将设计好的纹样雕于木板上，然后蘸上染料在布料上印花；花版刷印是在薄木板或油纸板上刻出纹样，置于布料上刷出图案。而曾失传的浇印，则是将镂空版的运用与防染剂相结合，从而在布料上进行印染。此外，清朝晚期，随着高浓度染料的发明和化学染料的引进，彩印花布由于操作简单，色彩艳丽（图1-67），又一度为人们广泛使用。

二、蓝印花布

蓝印花布（图1-68），又称靛蓝花布，俗称药斑布、浇花布，是一种镂空版白浆防染印花，距今已有一千三百多年历史。

蓝印花布起源于秦汉，兴盛于商业发达的唐宋时期，《古今图书集成》卷中记载："药斑布，以布抹灰药而染青，候干，去灰药，则青白相间，有人物、花鸟、诗词各色，充衾幔之用。"在资本主义萌芽的明清之际，药斑布已普遍民间，所以《古今图书集成》物产考曰："药斑布俗名浇花布，今所在皆有之。"

蓝印花布最初以蓝草为染料印染而成，用石灰、豆粉合成灰浆烤蓝，采用全棉、全手工纺织、刻板、刮浆等多道印染工艺制成。蓝印花布印染工艺步骤一般分为以下几种。

1. 制版（图 1-69）

花版是蓝印花布的根基，蓝印花布的题材、花纹需要借由它才能呈现。刻花所用的纸板，一般用3～5层纸裱制而成。纸质为贵阳皮纸或桑皮纸2～3层，高丽纸1～2层，用面粉糨糊刷裱，晾干后刷1层熟桐油，待干后压平备用。在处理好的纸上勾画出大体图案，以刻刀代笔，进行镂刻。刻时，刻刀需竖直，力求上下层花形一致。镂刻中又分刻面、刻线、刻点等手法，刻面主要采用断刀的刀法，来表现大块图案，这也是蓝印花布中最具典型的刀法。刻线要流畅、通顺，蓝印花布图案中的线又分阴线、阳纹。刻点一般用自制的工具舂子来舂，点一般在图案中起装饰作用。

2. 制浆（图 1-70）

蓝印花布蓝底白花的呈现要归功于防染浆，用防染浆涂在花纹上，浸染后再刮除就能使花纹保持原色。制作防染浆时，将黄豆粉和石灰粉以6：4或5：5的比例混合，用水慢慢混合成泥浆状，随用随混。用石灰粉后，不仅上浆好刮，染好后也容易刮掉灰浆。有时根据花型要求也采用糯米粉和石灰作为防染剂。调浆时厚薄黏稠要适中，黄豆粉越细、浆调得越透，黏性就越好。

3. 上浆（图 1-71）

上浆前先将坯布洒水后卷起，润湿是为了让白布更好地吸收染浆。把刻好的花版放在白布上对版就可以准备上浆了。上浆时接版更为重要，花型复杂时，对版要准确，排版要自如。刮浆时，用力需均匀，这样镂空的花纹处才会均匀落上防染浆。刮完防染浆的坯布需要两天的时间阴干，待灰浆晾干后，再投入缸内染色。

4. 染布（图 1-72）

染布前，把蓝靛倒入小缸中，2500克蓝靛配4000克石灰和5000克米酒加适量水搅拌，使蓝靛水变黄，水面上起俗称“靛花”的靛沫，然后再倒入大缸待染。将晾晒好的布投入染缸进行染色，为了使蓝印花布的色彩呈现为墨蓝，需要十五遍反复氧化与染色来固色。染好的布匹再悬挂晾到干透。

5. 刮浆（图 1-73）

把晾干的布放在平台上，准备刮掉防染浆。用刮刀时应保持刀背与布面呈45°，均匀施力将布面的防染浆刮除，随着浆灰的刮除，白底的花纹就会呈现出来。刮完灰的布匹再清洗晾晒，蓝印花布就制作完成了。

蓝印花布一般可分为蓝底白花布和白底蓝花布两种。蓝印花布的图案取材于民间故事、戏剧人物，但更多是由动植物和花鸟组合成的吉祥纹样，采用暗喻、谐音、类比等手法尽情抒发了民间百姓憧憬美好未来的理想和信念。现代所见蓝印花布的样式（图1-74），朴素大方、色调清新明快，图案淳朴典丽，深受各类人群喜爱。

图 1-69　制版

图 1-70　制浆

图 1-71　上浆

图 1-72　染布

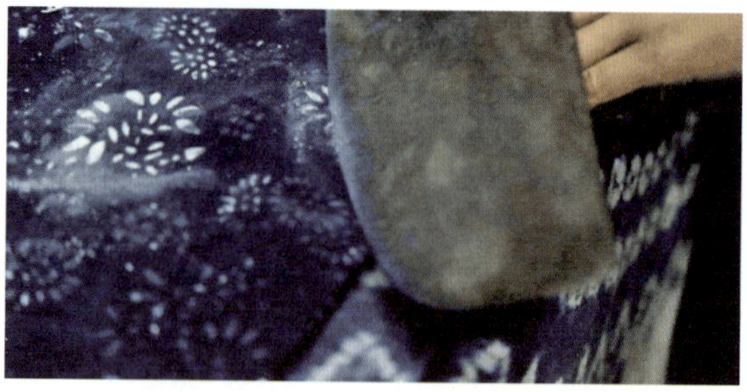

图 1-73　刮浆

图 1-74　现代蓝印花布及应用

三、绞缬工艺

绞缬，又称扎染（图1-75），在民间还被称为"撮缬"或"撮花"。扎染工艺分为扎结和染色两部分，是通过纱、线、绳等工具，对织物进行扎、缝、缚、缀、夹等多种形式组合后进行染色。其工艺特点是用线在被印染的织物打绞成结后，进行印染，再把打绞成结的线拆除的一种印染技术。

结扎的技法千变万化，晕色丰富，变化自然，趣味无穷。人们可采用纱、线、绳等对织物进行多种形式的组合后进行染色，然后将绞结的线一一拆除，从而形成深浅不一、层次分明的色晕和皱印，如其中的"卷上绞"。更使人惊奇的是，扎结每种花，即使有成千上万朵，染出后却不会有相同的图案出现，这种独特的艺术效果，是机械印染工艺难以实现的（图1-76）。

扎染在中国民间有着悠久的历史，现发现最早的遗存制作于春秋战国时期。东晋时，此种工艺已在民间流传。南北朝时期，出现了历史上有名的"鹿胎缬"和"鱼子缬"等图案（图1-77）。其形式多样，风格各异，还可以用多次套染的方法，染出五彩频。绞缬技法染成的花纹，因为边界受染液渗润，都有自然形成的色晕，故被称作"撮晕缬"。隋唐时期，绞缬更是风靡一时。新疆阿斯塔那墓出土的绞缬织物（图1-78）上的针眼和折皱至今依稀可见，显示了唐代高超的绞缬技术。北宋初期，绞缬工艺仍然盛行。

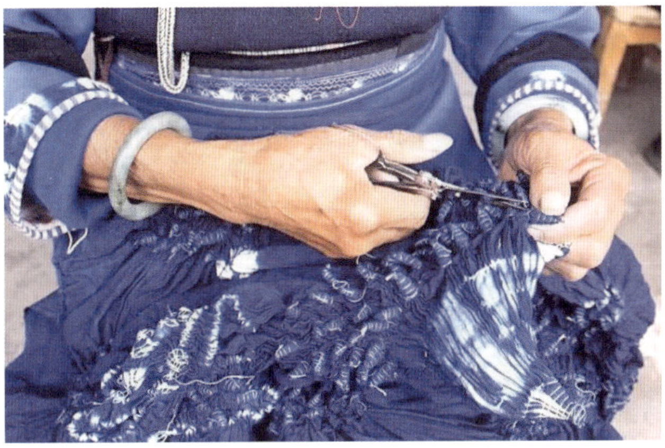

图 1-75　绞缬（扎染）

我国古代劳动人民巧妙地利用了染色工艺的物理、化学作用，使织物上呈现出特殊的、层次丰富的色晕效果，它是我国古代印染技术的一项巨大成就。扎染显示出浓郁的民间艺术风格，各种各样的扎染纹样是千百年来历史文化的缩影（图1-79），折射出人们的民情风俗与审美情趣。现今，这种传统工艺得到了许多艺术家和印染工作者的重视，他们在旧有的绞缬工艺基础上，结合新材料、新工艺，进行了大胆创新，使古老的扎染工艺重新焕发青春，与各种工艺手段一起构成了富有魅力的织染文化（图1-80）。

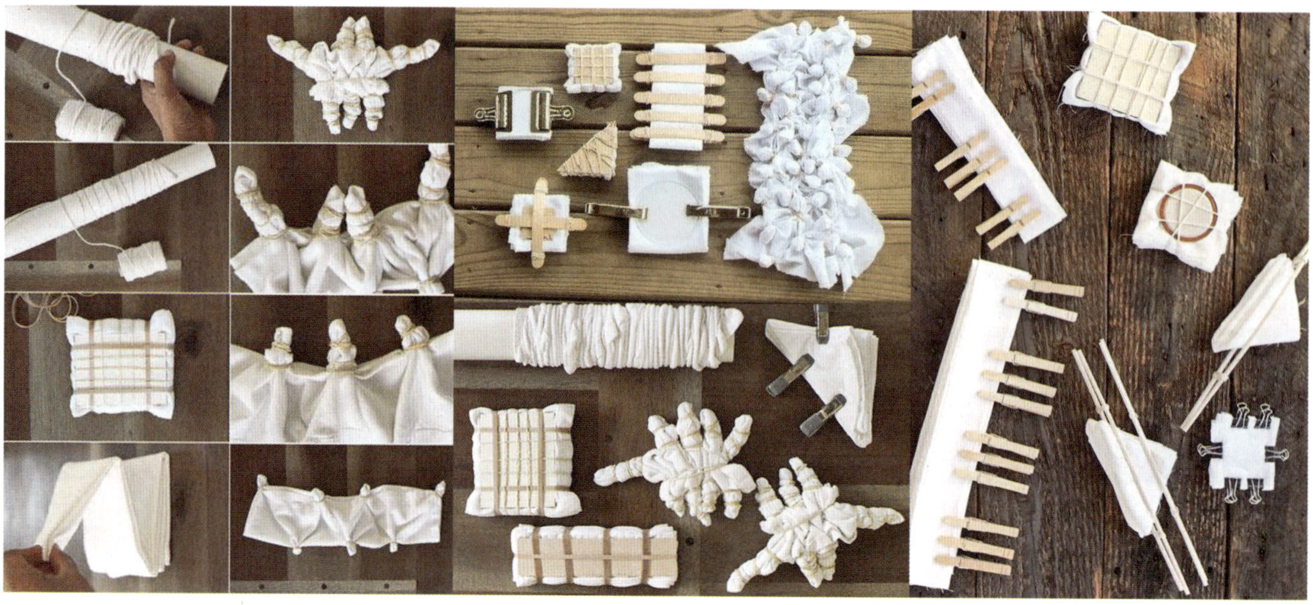

图 1-76 扎染的工具及方法

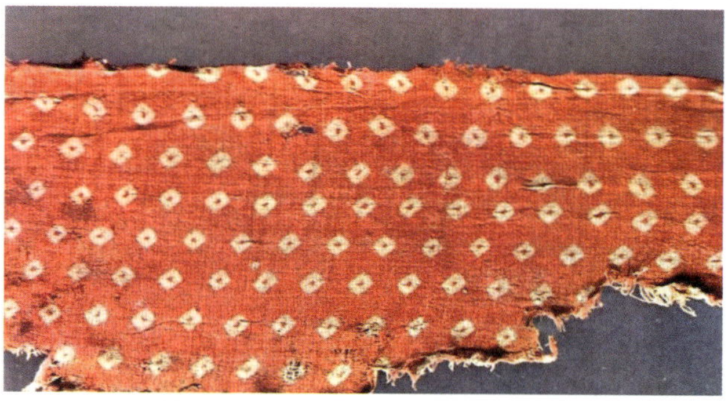

图 1-77 北朝大红地菱纹绞缬绢

图 1-78 唐墓出土的棕色绞缬绢

图 1-79 传统单色扎染

图 1-80　现代彩色扎染

图 1-81　扎染西装大衣

图 1-82　局部扎染系列服装

图 1-83　糖果色扎染服装

图 1-84　牛仔扎染服装

现代扎染是针对传统扎染中图案、色彩和传统困扎及染色工艺提出的一个全新的概念。扎染用在大衣和西装上（图1-81），呈现出了意想不到的时髦感。如果想把扎染穿出高级时装的感觉，那就尽量减少扎染的颜色。巧妙地只扎染衣服的局部，会有中国水墨画的味道（图1-82），大量的留白不但不觉得乏味，反而能给人想象的空间。扎染重回时尚圈，大多数品牌走起了小清新路线，用粉嫩的糖果色代替了大红大绿（图1-83），看上去舒服又有少女感。扎染甚至还可以用在牛仔布料上，营造出一种墨水在宣纸上晕染的效果，在牛仔服饰中是非常个性的设计。牛仔扎染（图1-84）比普通的牛仔单品更加有趣，变化不一的色彩可以让层次感丰富起来，随意简单的搭配就很有看点。

图 1-85　扎染在家居中的应用

蓝与白的结合，带给空间宁静高雅的艺术感。传统与现代，文化与功能，不经意的碰撞，在蓝白两色中绞缬出一个不寻常的家居空间。扎染技术被广泛应用于家纺、壁挂、窗帘、地毯、靠垫、瓷器、包装等中（图1-85），呈现出了许多古典又现代的艺术创作。作为千百年来历史文化的缩影之一，扎染技术直到今天仍长盛不衰，在日本、印度、柬埔寨、泰国等地也广为使用。

四、蜡缬工艺

蜡染（图1-86），古时称为蜡缬，与绞缬（扎染）、夹缬（镂空印花）并称为我国古代三大印花技艺。蜡染，通俗意义上来讲是指用蜡将花纹点绘在麻、丝、棉、毛等织品上，然后再将织物放进染缸中进行浸染，有蜡的地方染不上色彩，浸染完成后将织布上的蜡清洗掉，美丽的图案、花纹就会显现出来。蜡染历史悠久，根据史料以及各种历史遗迹表明，在我国西北地区，曾经发现秦汉以来的染织物遗存，其中一些便是以蜡缬技法制成。汉朝的蜡缬花布色彩比较单一，而晋朝的蜡缬就由多种色彩绘染而成。

蜡染目前大体可以分三类：第一类是西南少数

图 1-86　蜡染（蜡缬）

民族地区，民间艺人和农村妇女自给、自绘、自用的蜡染制品，属于民间工艺品（图1-87）；第二类是工厂、作坊面向市场生产的蜡染产品，属于工艺美术品（图1-88）；第三类是以艺术家为中心制作的纯观赏型的艺术品，也就是“蜡染画”（图1-89）。这三大类蜡染同时并存，互相影响，争奇斗艳。

贵州蜡染技艺文化悠久，在世界蜡染史中的地位非同凡响，是贵州民间独树一帜的艺术珍宝。贵州蜡染支系众多，每个地区的图案都有所不同。其中丹寨蜡染图案饱满、质朴生动，有铜鼓纹、混合型动物纹、窝妥纹、牛角纹、马蹄纹、飞雁山剪纸纹、四季花果纹、璎珞、荷塘等纹饰，值得重点提炼。

❶ 窝妥纹（图1-90）采用布局严谨的对称式几何纹样。窝妥纹属于双线螺旋纹，绘制时必须同时绘出均匀的双线，难度极大。而其具体象征意义，学界认为可能是水中的旋涡或是牛头上的旋涡。少数民族的抽象图案大多来自日常生活和自然环境，初始意义虽不明确，但图案经年演变，已成为值得推敲和保留的经典。

❷ 铜鼓纹（图1-91）易于识别，锯齿或花瓣状的外圈象征棉花吐絮时的花蒂，作为苗族图腾式标志，多置于整体图案的中心。

❸ 混合型动物纹（图1-92）是将蝴蝶的翅膀嫁接在鸟或鱼的身上；或将虫蝶的肢体变成花卉，让鱼鸟的腹中结出果实；或鸟头鱼身，有鱼鳞和蝶翅等。各类动植物幻化为一个整体，风格奇诡、恣意浪漫。

❹ 四季花果纹（图1-93）是比较常见的纹饰，多由菊、牡丹、荷莲、石榴、梅等构成。构图一般花中套花、花中套果、果中布置鸟或蝴蝶，形成一体化的花果装饰纹。

❺ 荷塘纹（图1-94）以水生植物和鱼类为主，

图 1-87　蜡染面料

图 1-88　蜡染产品

图 1-89　蜡染画

图 1-90　窝妥纹

图 1-91　铜鼓纹

图 1-92　混合型动物纹

图 1-93　四季花果纹

图 1-94　荷塘纹

图 1-95　飞雁山剪纸纹

图 1-96　马蹄纹

图 1-97　牛角纹

图 1-98　夹缬花版

莲花荷塘串联鱼、虫蝶、水藻构成渔家乐的主题。

❻ 飞雁山剪纸纹（图1-95）以剪纸式的鸟纹和花卉纹为主，其余空间填满小花，风格清新自然。

❼ 马蹄纹（图1-96）和牛角纹（图1-97）形象生动。牛是苗族的吉祥物，牛角的特征抽象成了具有动感和力量的图案；而马蹄则是富贵的象征，古代只有达官贵人才能配马，“踏花归去马蹄香”的入世思想即使在世外桃源也不能免俗。

五、夹缬工艺

夹缬实际上是镂空版印花，即把所染的织物对折起来，夹在两块木质花版中间（图1-98），用铁架把花版套住，然后旋拧螺帽把织物夹紧，不让染料渗透至所夹的花纹中，再把所需要的各色染料通过浇注或浸染的手法，将染料染印在织物上，染好后取出，待染液沥干后拆掉夹版，织物上就会显出左右对称的花纹（图1-99）。有时也用多块镂空版，着两三种颜色重染。但也有极少部分采用了不对称雕版夹染，从而丰富了夹缬的纹样，提升了夹缬的技艺和品质。

夹缬始于秦汉之际，隋唐开始盛行。唐代夹缬制品遗存较多，如日本正仓院保藏的辽代南无释迦牟尼佛夹缬娟（图1-100）、唐代夹缬鹿草屏风（图1-101）。由于夹缬工艺最适合棉、麻纤维，其制品花纹清晰，经久耐用，所以自唐以后，它不仅是运用最广的一种印花方法，还得到继续发展。

图 1-99　夹缬织物

图 1-100　辽代南无释迦牟尼佛夹缬娟

图 1-101　唐代夹缬鹿草屏风

第三节　印花工艺的革新

一、印花设备原理

印花的分类：按照设备差异来划分，印花主要分为筛网印花、滚筒印花、转移印花和数码印花四大类。

1. 筛网印花

筛网印花一般分为平网印花和圆网印花两种。

（1）平网印花：是将筛网绷在长方形框架上，将花纹图案雕刻在网上，色浆通过局部网孔，将花纹图案转移到纺织品上的过程（图1-102）。平网印花有手工和机械之别，是目前广泛采用的印花方法之一。布动式平网印花机的工作过程（图1-103）：织物在进布装置的牵引下，平整地贴在无缝循环导带上，平网在升降架的帮助下，利用刮刀往复运动，带动色浆通过花型区域，留在织物上。如图1-104所示为平网印花机印花单元结构，中间这个蓝色框架内就是雕刻花纹的筛网（图1-105）。自动旋转多色印花机（图1-106），占地面积小，适合印制T恤衫，衣袖，片材和纺织品袋等小面积花型织物。

平网印花的优点是投资少、织物所受张力小、设备简单、印花套数不受限制，适用于多品种、小

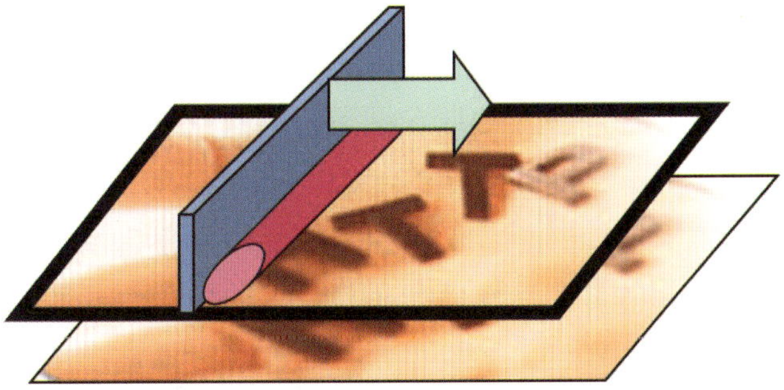

图 1-102　平网印花原理示意图

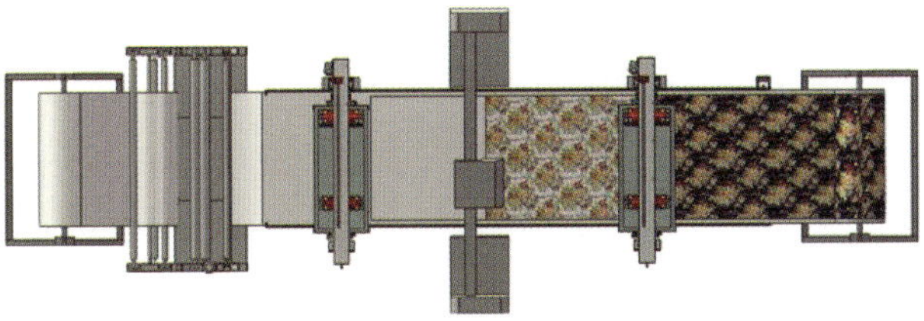

图 1-103　布动式平网印花机工作过程示意图

图 1-104　平网印花机印花单元结构

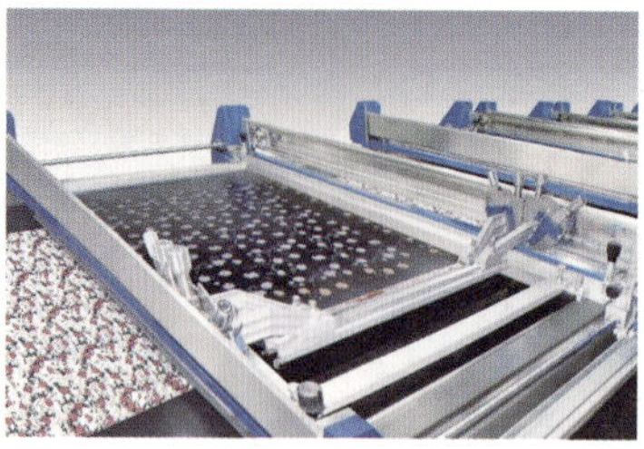

图 1-105　筛网

图 1-106　自动旋转多色印花机

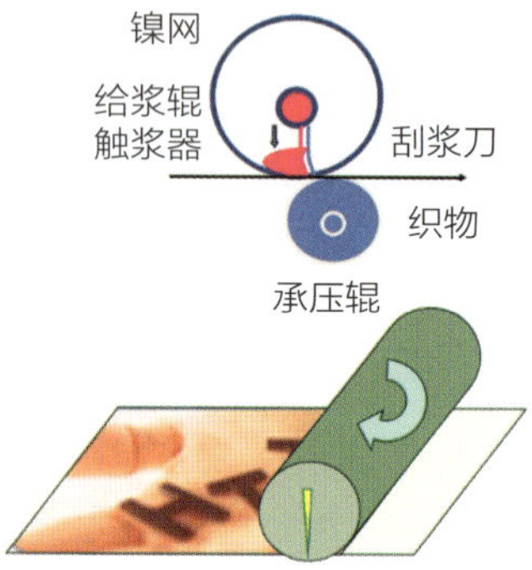

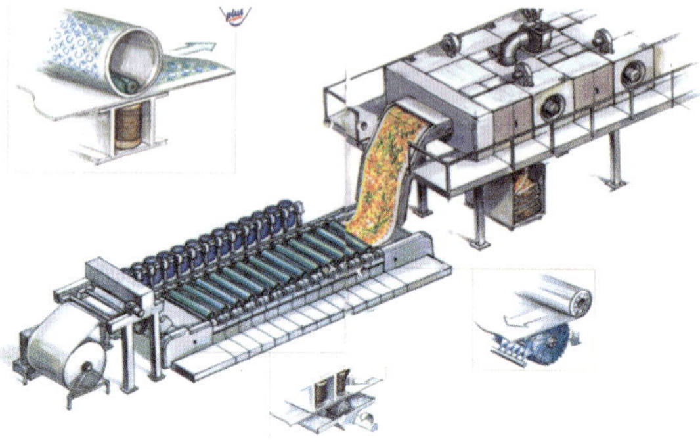

图 1-107　圆网印花机原理示意图

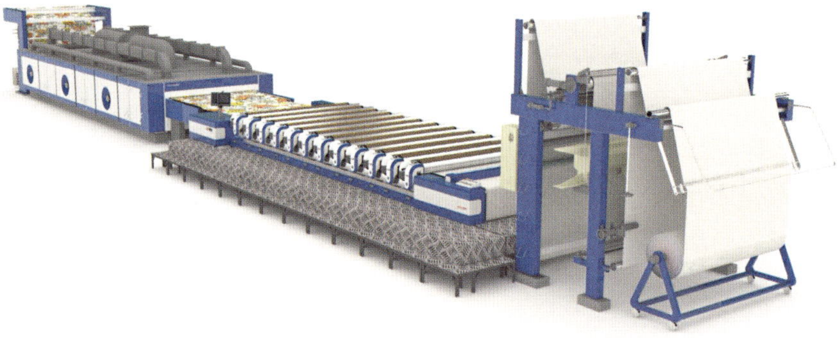

图 1-108　圆网印花机

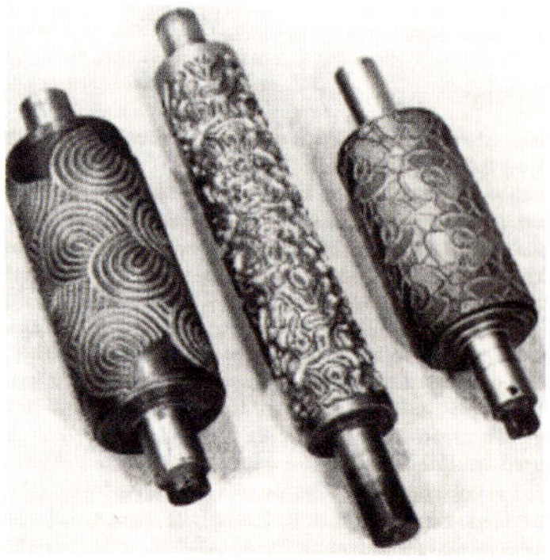

图 1-109　滚筒印花用铜辊

批量及轻薄织物的印花；尼龙丝网孔洞较小，呈现的线条较细，适合印制精细图案；平网版式一般为长方形，所以花回大小不受限。平网印花的缺点是生产效率低，直条型花样的接版印较难解决。

（2）圆网印花：采用镍质圆形金属网，印花时将花纹图案雕刻在金属圆网上，色浆通过镍网，将花纹图案转移到纺织品上。圆网印花是连续化的机械运行，也是目前广泛采用的印花方法之一（图1-107）。

圆网印花机由进布、印花、烘干、出布等装置组成。一个个金属圆网在布面滚动，将不同颜色的花型留在织物上（图1-108）。

圆网印花的优点是劳动强度小、生产效率高、适用性广、色泽浓艳、套数多。缺点是花纹不够精细；花型尺寸受圆网周长限制，由于圆网的尺寸是固定的，一般是64cm的圆周长，即大于64cm的花回无法印制。

2. 滚筒印花

滚筒印花的主要印花装置是刻有花纹图案的铜辊（图1-109），又称花筒。如图1-110所示为印制过程中，表面雕刻有凹纹的花筒将给浆辊提供的色浆，压印转移到织物上的示意图。

滚筒印花的优点是生产成本低、效率高、产量高、适宜大批量生产、印制的花纹轮廓清晰，可以

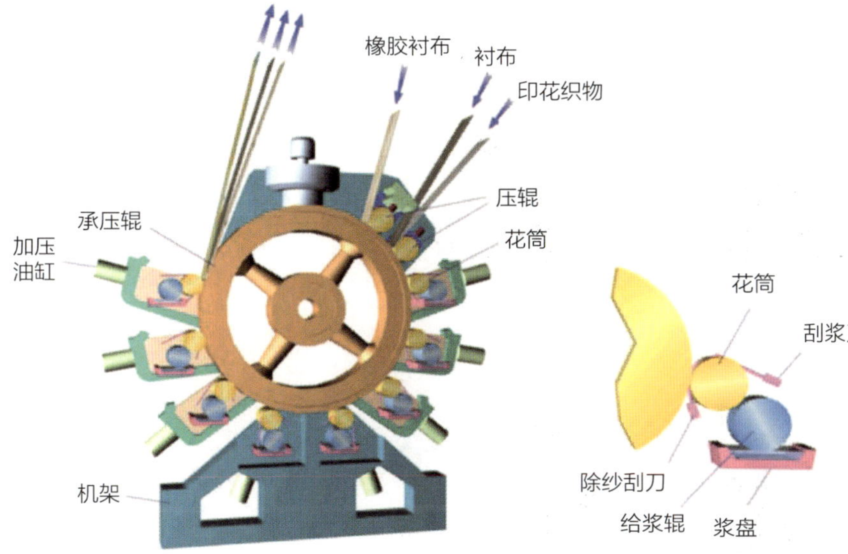

图 1-110　滚筒印花原理示意图

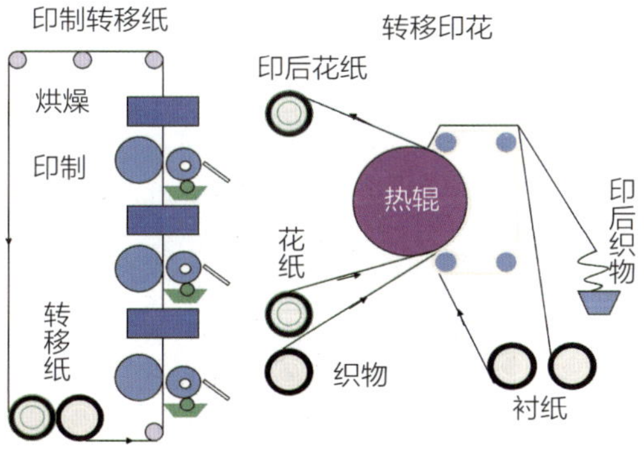

图 1-111　转移纸印制过程示意图

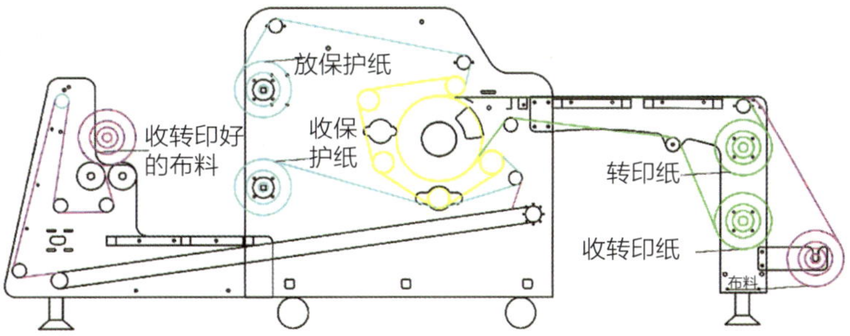

图 1-112　转移印花过程示意图

印制精细线条花纹。缺点是织物所受张力大，印花套色和花纹大小受限于花筒的个数和直径，易传色及色泽不够丰满，影响花色鲜艳度。

3. 转移印花

转移印花是先将染料或涂料的花纹图案印在纸上，制成转印纸，而后在一定条件下使转印纸上的染料或涂料转移到纺织品上的印花方法。

如图1-111所示为转移纸印制过程示意图，按照逆时针方向，采用类似滚筒印花的方式，将多种色浆印制在纸上，通过烘燥、打卷备用。如图1-112所示为转移印花过程示意图，花纸与织物面对面，在衬纸的帮助下，一起受到热辊作用，纸上的染料升华转移到织物的表面，这种方法叫作热转移法。

转移印花的优点是图案丰富多彩，花型逼真、层次清晰；设备简单、占地小；织物所受张力小；印花后产品不需要水洗、固色等处理，无环境污染。转移印花的缺点是转印纸的消耗量大，成本高，生产效率较低。

4. 数码印花

数码印花机（图1-113）通过各种数字化手段，如扫描、数字相片、图像或计算机制作的图案输入计算机，再利用电脑分色系统处理后，通过喷印系统将各种专用染料直接喷印到织物或其他介质上，获得高精度印花产品。

数码印花的优点是：①无须分色描稿、制片、制网，大大缩短了工艺路线，接单速度快，打样成本降低。②打破了传统生产的套色与花回长度限制，特别是在渐变色、云纹等高精度图案的印制

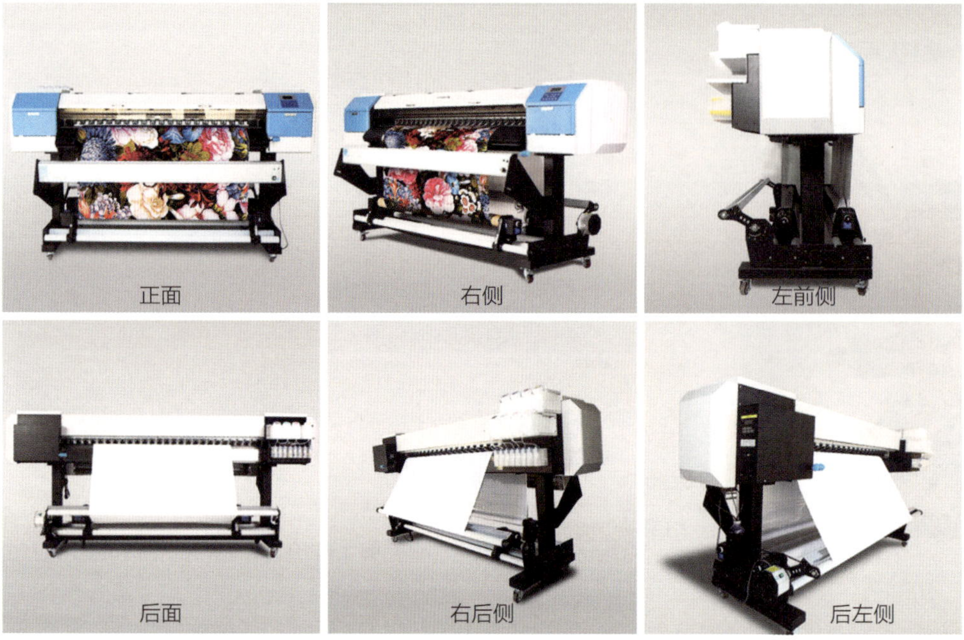

图 1-113　数码印花机

图 1-114　白地花布

图 1-115　满地花布

图 1-116　地色罩印花布

上，具有无可比拟的优势。③生产过程全部实现计算机化的数字生产，灵活性高，甚至立等可取。④喷印过程没有废水产生，无噪声，低能耗，给纺织印染带来了绿色生产技术革命。

二、印花工艺分类

按照工艺来分类，印花可以分为直接印花、拔染印花、防染印花和防印印花。

1. 直接印花

直接印花是最简单、应用最广泛的一种印花方法。将含有染料的色浆直接印在白布或浅色布上，印制色浆处染料上染，获得各种花纹图案，未印处地色保持不变，印上去的染料其颜色对浅地色具有一定的遮色、拼色作用，这种印花方法称为直接印花。如图1-114所示，根据花型图案情况，第一块织物是白地花布，指的是花色较少，白地多；第二块织物是满地花布，指的是白地少，花色多（图1-115）；第三块织物是地色罩印花布，指的是在染色后的织物上再印花（图1-116）。

2. 拔染印花

拔染印花是先染色后印花，在印花浆中含有能够破坏地色染料的化学药品，称为拔染剂，在适当条件下，可将地色破坏，经水洗得到白花称为拔白；如果在印花浆中加入能耐拔染剂的染料，则在破坏地色的同时又染上另一种颜色，称为色拔。

如图1-117所示为拔白印花织物，图1-118所示为色拔印花织物。拔染印花的优点是织物底色色

图 1-117　拔白印花织物

图 1-118　色拔印花织物

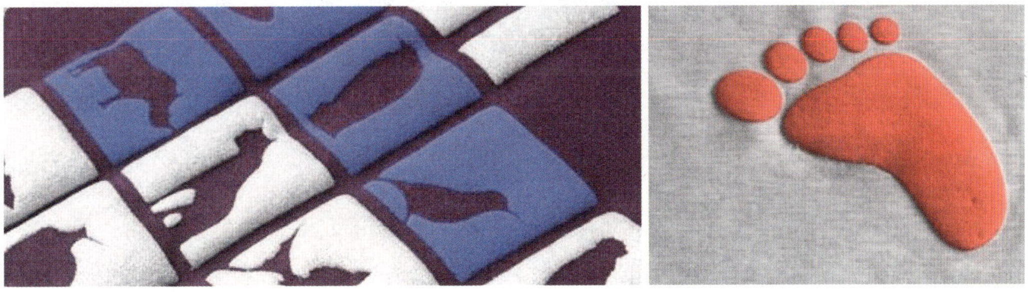

图 1-119　发泡印花织物

泽丰满艳亮，花纹细致，轮廓清晰，花色与地色之间没有第三色。拔染印花的缺点是工艺较繁复，成本较高，适宜于拔染的地色不多，所以在应用时有一定的局限性。

3. 防染印花

防染印花是先印花后染色，在印花浆中含有能够防止地色染料上染的化学药品，称为防染剂，然后进行染色，印花处的地色染料不上染、不显色、不固色，经水洗除去，得白花称为防白；如果在印花浆中加入一种能耐防染剂的染料，则在防染的同时又上染另一种颜色，叫色防。与拔染印花相比，防染印花工艺简短，使用的地色染料较多，但是花纹不及拔染印花精密细致。尤其是花型面积过大时，防染剂容易剥落到染液中，易出现渗透、模糊、线条轮廓不清等疵病。

4. 防印印花

防印印花是先印防印浆，而后在其上罩印地色浆，印有防印浆的地方和罩印的地色染料由于被防染或拔染而不能发色或固色，最后经洗涤去除。防印印花的优点是生产过程比防染印花短，简便快捷、工艺灵活，避免了防染剂的脱落，使产品质量容易控制。但是，印制大面积地色时，防印印花不如防染印花丰满。

特种印花种类繁多，这里简单介绍应用广泛的几种类型：

（1）发泡印花：如图1-119所示，发泡印花是指在印浆中加入发泡物质和热塑性助剂，在高温焙烘中，由于发泡剂膨胀而形成立体花型，并借树脂将涂料固着于织物上的印花工艺。

（2）烂花印花：如图1-120所示，烂花印花是指用印花的方法将混纺或交织物中的一种纤维烂去而留下另一种纤维，从而形成半透明花纹的印花工艺。烂花印花多用于丝绒织物，这种花纹凸凹有序，装饰性很强。

（3）植绒印花：是利用高压静电场在坯布上面栽植短纤维的一种印花方法。首先将黏合剂印制在坯布上，再利用一定电压的静电场使短纤维垂直加速，植到涂有黏合剂的坯布上。如图1-121所示，植绒印花产品，具有立体感强、耐磨、保暖等特点，是一种风格独特、手感柔软、色泽艳丽的绒

图 1-120　烂花印花织物

图 1-121　植绒印花织物

图 1-122　金银粉印花织物

图 1-123　变色印花织物

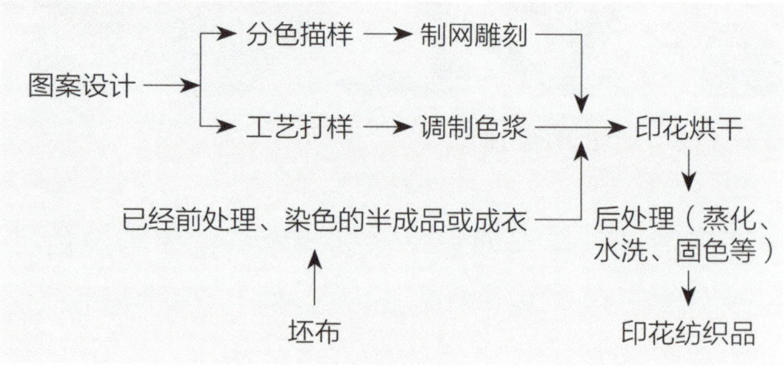

图 1-124　涂料直接印花流程示意图

毛制品，而且静电植绒工艺简单、成本低。

（4）**金银粉印花**：是用铜锌合金或铝粉与涂料印花黏合剂等助剂混合调成金银粉印花色浆印在织物上。如图1-122所示，印制的织物具有“镶金嵌银”的效果，但通常金属粉末的摩擦牢度、水洗牢度并不高，因此，金银粉印花通常用于墙布，家居装饰布、箱包、台布等。

（5）**变色印花**：是指印花织物的色泽能随环境条件的变化而变色。如图1-123所示，分别为光变色，湿变色产品。

三、印花实施流程

以涂料直接印花为例来分析印花工艺流程。涂料印花是借助黏合剂在织物上形成坚牢、透明、耐磨的树脂薄膜，将涂料机械地固着在织物上的印花方法。

印花加工之前，坯布通常需要进行烧毛、退浆、煮炼、漂白等前处理加工来去除其表面长短不一的绒毛，经纱上的浆料，杂质与污物，前处理后的织物，通常具有较高的白度及均匀的染化料吸附能力。

涂料直接印花流程可以分为：图案设计、制版、色浆调制、印制固色四个工序（图1-124）。

图案设计首先要根据织物的用途，如男装、女装、围巾等把握图案的风格、色调和花纹等。其次要考虑选用的印花工艺以及织物的幅宽、服装裁剪缝制等因素。例如，滚筒印花花型尺寸受滚筒尺寸的限制；平网印花不适宜设计工整而又规则的几何图案。分色描稿人员利用软件将花样按照生产工艺要求对花稿进行分色、描绘（图1-125）。

根据所选设备类型进行制版。以平网为例，其制版过程包括制框、绷网、感光法制版。

1. 制框

选择质地坚硬，不易形变的木质框或金属框。网框的长度和宽度根据织物的幅宽与单元花天地线间距来确定（图1-126）。

2. 绷网

选择坚固耐用，易洗快干，耐腐蚀的尼龙丝或涤纶丝绢线，根据花型面积、刮刀类型、织物性能和车速等因素，选择网号数。通常，号数越小，表示单位面积中的孔数越少，孔越大，更适合用于印制大面积花纹，厚重织物。可用胶着法或嵌钉法将绢网固定在网框上（图1-127）。

3. 感光法制版

如图1-128所示是利用照相原理，先在网上涂覆水溶性感光胶薄膜，干燥后再利用具有图案的黑白稿透明胶片覆于网上，在适当光源下曝光。被黑色图纹遮住的感光胶膜不感光，没有黑色图文遮挡的感光胶膜被曝光，失去其水溶性。通过水洗除去未感光部分胶膜，露出网孔，还需进一步加固，修理和校对。

涂料色浆中主要有涂料、黏合剂、交联剂、糊料等成分。涂料是一种颜料，不溶于水和有机溶剂。黏合剂是一种高分子化合物，经高温处理可形成透明的薄膜，将涂料黏附在织物表面。对印花产品的摩擦牢度，刷洗牢度，手感、色泽起着重要的作用。交联剂也叫固色剂，它的作用是

图 1-125　图案设计分色描稿

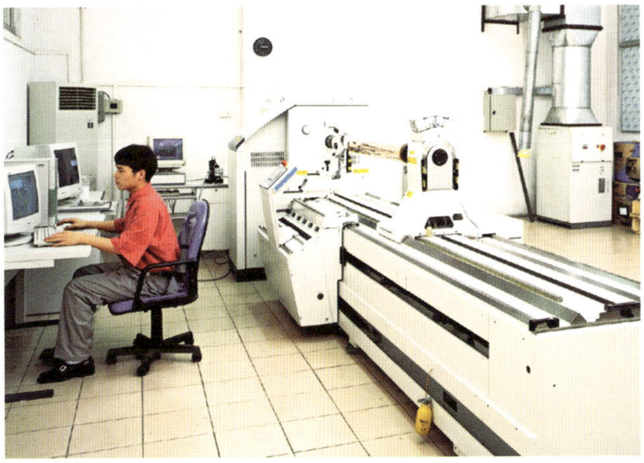

图 1-126　制框

图 1-127　绷网

图 1-128　感光法制版

图 1-129 涂料印花

提高湿处理牢度和摩擦牢度，降低焙烘温度、缩短焙烘时间。

涂料印花流程非常简单，前处理后织物或浅色织物，平幅进布，150℃焙烘3～5min或102～104℃汽蒸5min。花版的排版先后一般是由深至浅（图1-129），固色后定幅即可。若是染料印花，例如活性染料、还原染料等，为了去除残余在织物表面的色浆，在印制后需额外进行水洗、皂洗、水洗、烘干。

涂料直接印花与其他染料印花相比，具有以下优点：工艺简便，生产率高，可减少废水排放。涂料色谱广，耐晒度较高。拼色容易，色光重演性好。不受纤维种类的限制，适用于各种纤维材料的织物印花，尤其是混纺织物，可用于多数特种印花，深受从业人员的欢迎。

然而，涂料印花也存在一些印花涂料多摩擦牢度差，操作环境中释放出异味等，针对这些缺陷，世界各国多年来不遗余力地改进和开发新涂料及其配套新助剂的质量和品种，确实有了很大进步，但仍难免在手感、牢度、渗化、环保等方面难以综合平衡。

思考题

1 什么是印花？什么是图案？什么是印花图案？
2 印花图案的题材有哪些？具备什么艺术特点？
3 印花产品的种类大体可以分为哪几类？对我们的生活产生了什么影响？
4 分析蓝印花布、扎染、蜡染的艺术特点各是什么？
5 按照生产设备来分类，印花可以分为哪几类？
6 按照工艺来分类，印花可以分为哪几类？
7 印花流程可以分为哪几步？
8 如何传承和创新传统印染工艺？又如何和现代印花工艺相结合？

第二章

印花图案设计方法

学习目标

【知识目标】理解印花图案在主题构思、色彩表现、布局排版等方面的特点和方法。

【能力目标】通过学习具备主题灵感汲取技能、色彩搭配表现技能、图案布局排版技能。

【素质目标】培养思维导图绘制、流行色预测分析、小组团队合作的精神和综合素质。

教学过程

阶段			教学过程
序号	任务实施步骤		任务具体分解
1	资讯	接受任务 ↓ 收集资料 ↓ 市场调研 ↓	• 学习准备（采用线上线下混合式教学，教师讲解必备的专业知识要点，提供所需学习资料）
2	计划		• 布置主题构思和色彩设计任务（根据工作室当季设计任务要求，结合学习情境布置说明相关实际任务） • 制订主题构思和色彩设计的工作计划（教师参与学生小组工作分工，落实具体任务）
3	决策	设计构思 ↓ 效果绘制 ↓	• 查阅搜集相关资料，进行主题构思、制订色彩设计方案（由学生组成学习小组，分组进行） • 灵感来源→主题构思→思维导图→色彩设计→风格板制作
4	实施		
5	检查	设计分析 ↓ 整体评审	• 对主题构思和色彩设计进行PPT演示，小组派代表分析 • 对各组主题构思和色彩设计的方案进行总结分析（针对方案演示，进行专题讨论，学生主讲，工作室导师与专任教师共同引导） • 对主题构思和色彩设计的方案进行修改，并完成最终主题构思和色彩风格板制作（学生课后完成） • 对最终设计方案进行小组互评+教师评价，填写情境考核表等
6	评估		

【设计任务】

项目任务三	思维导图绘制	课时	4课时
工作任务内容	印花流行主题绘制思维导图	地点	多媒体教室
任务提交要求	1. 思维导图中心主题选择印花最新流行趋势的关键词 2. 思维导图可以手绘，也可以软件制作，尺寸大小为A4规格		
项目任务四	色彩风格板设计	课时	4课时
工作任务内容	根据PANTON最新发布的流行色选择一种色彩制作电子风格板	地点	多媒体教室
任务提交要求	3. 风格板包含主色彩、色彩意向图和色彩应用效果图，排版在A4展板上 4. 结合思维导图和色彩风格板，完成主题构思和色彩设计的方案汇报		

【相关知识】

第一节　主题灵感构思方法

一、印花图案灵感来源

生活中，经常有这样的声音：写作没有灵感，创作没有灵感，绘画没有灵感，设计没有灵感……那么，我们先思考下什么是灵感呢？

1. 灵感

灵感也称为灵感思维，指文艺、科技活动中瞬间产生的、富有创造性的突发性思维状态。其不用平常的感觉器官而能够使精神互相交通，所以又称为远隔知觉。灵感可以是在无意识中突然兴起的神妙能力，还可以是作家因情绪或景物所引起的创作情状。

2. 灵感思维

灵感思维是指在艺术创作活动中，人的大脑皮层高度兴奋时的一种特殊的心理状态和思维形式，它是在一定抽象思维和形象思维的基础上突如其来产生出新概念或新意向的顿悟式的思维形式。

印花设计的灵感来自于生活，创意本就是为了让人们的生活、居室环境更加美丽、协调，让人们享受这些纺织品图案组合设计的魅力，展现内心对生活更高层次的向往。

3. 灵感如何产生

灵感来源于人在文学、艺术、科学、技术等社会活动中的修养，是在艰苦学习、长期实践，不断累积经验和知识的过程中突然出现的、富有创造力的思路。它是创作思维过程中认识飞跃的心理现象，是一个人在对某一问题长期孜孜以求、冥思苦想之后，通过某一诱导物的启发，一种新的思路突然接通。每一个正常人都可能出现灵感，只是水平高低有所不同，并无性质的差别。

4. 灵感的特点

❶ 灵感以抽象思维和形象思维为基础，与其他心理活动紧密相连。

❷ 灵感具有突发性，且消失得很快。

❸ 灵感是创造性思维的结果，是新颖的，甚至是独特的。

❹ 灵感具有情绪性。

5. 设计中灵感产生的主要过程

在设计中，灵感的产生主要经过确立主题、专注思考、缓冲顿悟和整理加工的过程。

（1）确立主题：灵感产生的前提和必要条件都是头脑中要有一个等待解决的主要问题。印花图案设计的灵感主题也可以是很宽泛的，源于生活的方方面面，并非就一定是印花设计本领域。

（2）专注思考：当大脑中的主题问题确立后，就会对待解决的问题进行专注思考。印花图案设计的思考或许不是短暂的，甚至要超越原本的知识积累，才能获得灵感，所以，专注思考是一个必然的过程。

（3）缓冲顿悟：专注思考未必能有结果，过量思考往往使人的思路陷入僵局。此时，放松自己的情绪与思维，使灵感得以在一个松弛的环境下产生。

（4）整理加工：灵感带来的也许只是一个符号，一个形象，或者一个片段情节，而不是一个完整的结果，因此，需要后期整理、加工和完善。所以，在印花图案设计的灵感产生过程中，要时刻进行经验的积累，要丰富自己的知识和创作内涵，才能把灵感呈现得多姿多彩。

二、印花图案主题构思

1. 主题

指文艺作品或社会活动等所要表现的中心思想，泛指主要内容。在描绘性艺术中，主题涉及个人或事物的再现，也涉及艺术家的经验，这经验是艺术创作灵感的来源。

2. 构思

在艺术领域里“指作者在写文章或创作文艺作品过程中所进行的一系列思维活动。构思在人们的生活和艺术创作中具有统筹和指导性意义。包括确定主题、选择题材、研究布局结构和探索适当的表现形式等”，一般来说，构思是意象物态化之前的心理活动，是“眼中自然”转化为“心中自然”的过程，是心中意象逐渐明朗化的过程。

3. 设计构思

设计指的是计划、构想、设立方案，也含有意象、作图、制型的意思。设计过程即根据设计对象的要求进行构思，并绘制出效果图、平面图，再根据图纸进行制作，达到完成设计的全过程。可见，没有构思，就谈不上设计，没有好的构思，就不可能产生好的设计。因此，研究设计的构思对培养设计人员的基本素质，提高设计水平有着积极意义。

4. 印花主题灵感来源案例

在这个案例中（图2-1）花卉的形式不再拘泥于碎花满地，而是更开放、自信的大朵花卉，钴蓝、桃红、工业绿等超光感颜色点缀带有色彩倾向的深暗色调，赋予图案不凡的气质。

科技驱动的现代社会，时尚与生态之间二元悖论逐渐消解，现代性被重置，此主题（图2-2）的图案更多是以热带植物构成，各种阔叶植物相交织，突出“浓密丛林”的意境。

再比如我们看到的几何、拼接、夸张的造型（图2-3），看到现代艺术的不可名状。但是这些图案形式终归都是通过不同的结构展示自己的不同寻常。色彩的高纯度碰撞带来心理上的兴奋和对市场消费的刺激，反式审美也在强烈的视觉冲击和形式变化中体现更多猎奇。

人们为经典格纹图案加入不同的元素和色彩点缀，形成活泼可爱的新格纹（图2-4）。轻柔的

图 2-1 大朵花卉主题图案

图 2-2 热带植物主题图案

图 2-3　撞色几何主题图案

图 2-4　新格纹主题图案

图 2-5　非洲民族主题图案

对撞色，含灰的冷粉色、淡紫色等都是过去格纹中鲜见的新颜色，在此基础上结合不同的材质表达，令原本单一的老面孔重新焕发耀眼的光彩和活力。

非洲的民族图案（图2-5）同样为流行图案，只是其形式趋向简明扼要，以单色或双色为主，民族图案强调后传统时代，我们对民族精神的高度提炼和新用，而不是用浓墨重彩还原图案在形式和色彩上单纯的传统性和独特性。

流行了好几季的水磨石纹样，水磨石（图2-6）是将碎石、玻璃、石英石等材料拌入水泥粘接料混凝以后，在经过研磨、抛光的一种建筑材料。其粗糙的表面给水磨石带来了一种粗犷而又原始的独特气息，深受设计师们的喜爱。如今的水磨石经过先

图 2-6　水磨石

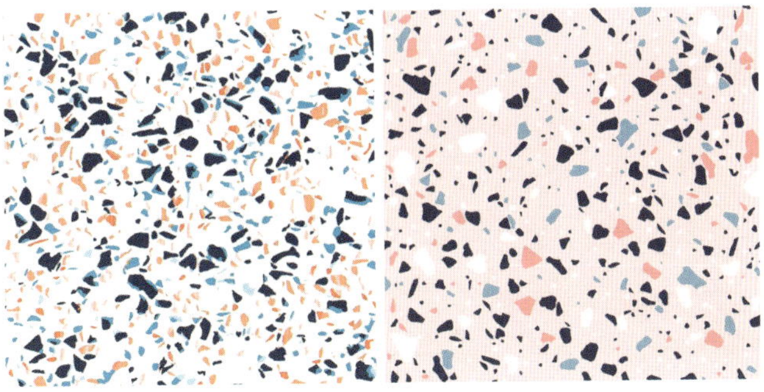

图 2-7　大尺寸水磨石图案

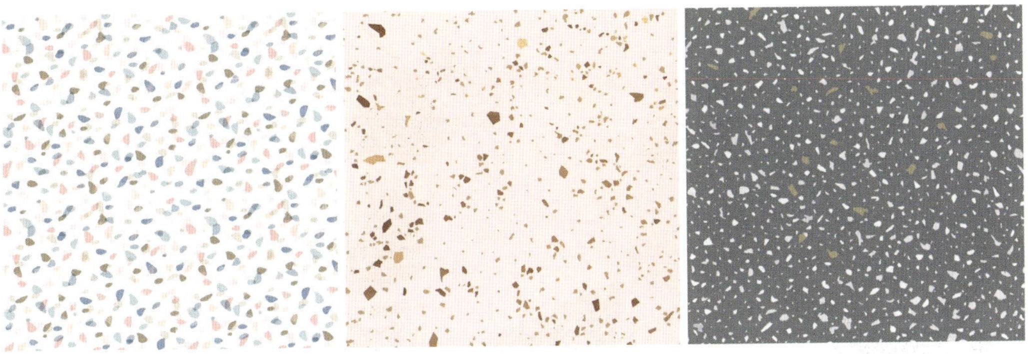

图 2-8　小尺寸水磨石图案

图 2-9　小尺寸水磨石图案印花家纺

图 2-10　七彩糖果色水磨石图案

进的工艺加工变得更加多姿多彩，在印花设计中也被运用的越来越广泛。从床品套件、窗帘、地毯、墙纸、靠垫再到一些小物件，使其重新进入家居生活，为居住空间营造出不同的风情。

大尺寸的水磨石图案（图2-7）不拘泥于寻常的构图结构，以放大的造型呈现在床品套件或者靠垫上，更加凸显了水磨石的抽象与不规则，不同的形状随意组合，结合黄色、蓝色等亮眼的色调，对居住环境的装饰性很强。

当然，也可以以迷你密集的形式出现，小尺寸的水磨石（图2-8）密集排列在一起增强了视觉效果，粉色加白色的色彩组合是床上用品的惯用色彩（图2-9），粉嫩的色调能为空间营造出少女般的柔和感，是当代年轻女性消费者不错的选择。

七彩糖果色水磨石印花（图2-10）也十分时尚可爱，多种糖果色的水磨石图案在床品和家居中皆可运用，以白色或灰色等中性色为底，鲜艳的蓝色、红色、橙色等组成的水磨石图案就显得更加活泼明亮，丰富了空间的层次感（图2-11）。

同色或是单色的运用也很关键，多使用蓝色与绿色。深浅不一的蓝色水磨石图案营造出了海洋般

图 2-11　七彩水磨石图案印花家纺

图 2-12　单色水磨石图案印花家纺

图 2-13　帝王花及图案表现

图 2-14　写实帝王花图案靠垫

图 2-15　水彩帝王花图案靠垫

的深邃意境（图2-12），而绿色的水磨石图案就会让人联想到各类绿植，对于当下想亲近自然的消费者来说是很好的选择。

柔美女性化的大花冠花朵帝王花（图2-13）受到不少设计师和插画师的青睐，从数码渲染到偏重局部表达的手绘水彩以及一些创意的图形表现，均能看到品牌设计师们对这类花朵的喜爱，浅粉色、雾霾蓝、浅绿色的底色运用也是表达产品柔美浪漫风格的关键。

写实效果的帝王花往往运用在靠垫或者抱枕（图2-14）上，通过滤镜处理出一些带有风格化和女性化的柔美色彩，这种设计适用于室内小件家居产品的面料效果。

帝王花还可以用水彩效果进行表现（图2-15）。强调外观笔触的水彩花卉更加适用于床上用品的印花，超脱现实的色彩及底色的运用赋予产品多样的风格（图2-16）。

此外，通过一些插画艺术或者风格化处理的帝王花图案让产品（图2-17）的设计更富个性，这类设计表现适用于年轻市场和小众品牌的产品开发。

图 2-16　水彩帝王花图案床上用品

图 2-17　风格化帝王花图案的应用

图 2-18　青花瓷器

图 2-19　青花图案窗帘

图 2-20　青花风格家居

一说到中国风，除了想到中国红外，一定不会忘记还有个元素叫青花。不但艺术品领域是青花的天下，青花瓷器在生活中也很常见，比如口沿上有蓝边儿的瓷碗、瓷盘等（图2-18），画着蓝色花纹的瓷砖，还有很多印有青花图案的纺织品，如窗帘（图2-19），桌布、床品、靠垫、沙发、地垫等。

青花装饰风格的家居空间（图2-20），给人以浪漫的感受，其有动有静，既可以带人进入浓郁的青色之中，又可以给人一片青色宁静。一蓝一白相互勾勒着，怡然成趣。青花图案可塑性也十分强，虽然自身带着国风属性，不过也可以时髦玩味起来。

第二节　色彩提取搭配方法

一、图案色彩基本原理

色彩如同音乐，可以幻化出千万种旋律，与我们的心灵产生共鸣，带给我们美的享受。自然界中，各种各样的色彩，缤纷多变。图案上的色彩是人的第一感觉，是先导，是图案的灵魂，夸张的色彩对比和迷人的色调处理，使纹样更具感染力。色彩是研究图案美的一个重要方面，是产生美感和艺术魅力的基本要素，是为了突出图案的特点而表现。由于人们的日常行为活动与色彩经常发生联系，因此色彩对人的思维、感情必然产生一定的影响，这就使色彩具有一定的意蕴。由于不同时代、地域、民族、国家、风俗、宗教的差异，图案中的色彩应用也不尽相同。图案的色彩特征关系到社会地域、文化环境等因素，带有强烈的感情色彩，反映在图案设计中，更是一种文化符号的体现。

1. 色彩

色彩指光从物体反射到人的眼睛所引起的一种视觉心理感受。色彩按字面含义上理解可分为“色”和“彩”，所谓“色”是指人对进入眼睛的光传至大脑时所产生的感觉；“彩”则指多色的意思，是人对光变化的理解。

2. 色相

色相是一种色彩固有的基本特征，即色彩的相貌（图2-21），它是色与色之间互相区别的最主要特征，是色彩的第一属性。

3. 明度

明度是色彩的明暗程度，表示物体颜色深浅明暗的特征量，是判断一个物体比另一个物体能够较多或较少地反射光的色彩感觉的属性，是色彩的第二种属性。

4. 纯度

纯度是说明色质的名称，通常是指色彩的鲜艳程度，也称饱和度或彩度、鲜度。色彩的纯度强弱是指色相感觉明确或含糊、鲜艳或混浊的程度，纯度变化可以产生强弱不同的色相，而且使色彩产生韵味与美感。色彩中的纯度对比：纯度弱对比的画面视觉效果比较弱，形象的清晰度较低，适合长时间及近距离观看。纯度对比是最和谐的，画面效果含蓄丰富，主次分明。纯度强对比会出现鲜的更鲜、浊的更浊的现象，画面对比明朗、富有生气，色彩认知度也较高。

5. 色彩冷暖

色彩冷暖分为冷色和暖色（图2-22），在进行设计时，什么时候选择冷色？什么时候选择暖色？那要看看设计任务的关键词，如果设计任务的关键词有类似温暖、活力、强力、轻便、活泼、积极，又或者是食品健康，家庭感的温暖等，我们在设计中可以选择暖色调；如果设计任务关键词是理智、冷静、干净、环保、沉着等，我们可以选择冷色来进行配色。

设计中常常使用的七大色相，根据其调性和饱和度的变化，能够演变成千百万种色彩。在这七大色相中，洋红、红色、橙色、黄色归为暖色，而剩下的紫色、蓝色和绿色，归为冷色。

（1）红色：表现健康活力的颜色，鲜红的血液，象征着生命的开始。红色象征活泼，积极向上，力量感。当印花设计中出现诸如强力、可靠、有活力、活泼、开放、激情、戏剧、食品感觉的关

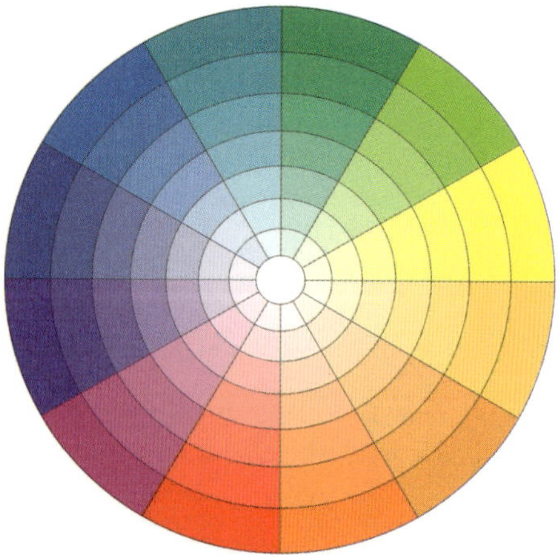

图2-21　色相环

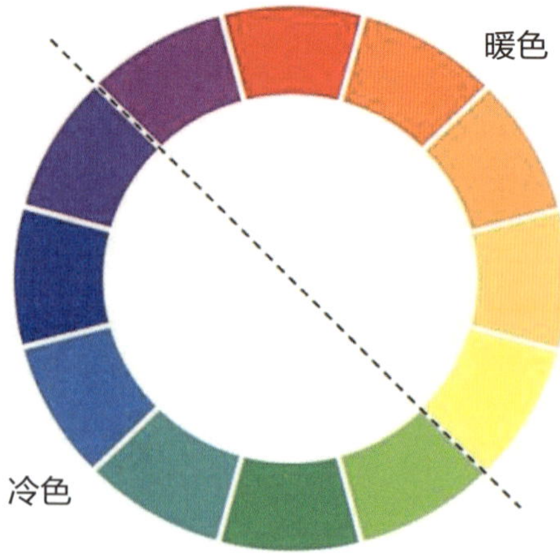

图2-22　色彩冷暖

图 2-23　红色意象

图 2-24　橙色意象

图 2-25　橙色搭配类似色

图 2-26　橙色搭配互补色

键词时，我们就可以选择红色及类似色来进行设计配色（图2-23）。

（2）橙色： 可以表现出日常快活感的颜色，没有红色的刺激性，却可以表达出稳定而明快的舒适感，让人感到幸福。橙色阳光而开放，营造出充满阳光的世界（图2-24）。

橙色搭配类似色（图2-25），体现出稳重的阳光感。橙色搭配互补色（图2-26），增加了开放感。

（3）黄色： 是一种明亮的颜色，黄色是所有颜色中最醒目、饱和度最高的颜色，是道路交通、工程现场、比赛场上和工厂提醒注意的标识色，不但醒目，而且带来明快开放的意象（图2-27）。

图 2-27　黄色意象

图 2-28　黄色搭配近似色

图 2-29　黄色搭配互补色

图 2-30　绿色意象

黄色搭配近似色（图2-28），表现出稳重明快之感。黄色搭配互补色（图2-29），表现出华丽感。

（4）绿色：是一种能给人带来希望的颜色，所以当关键词中出现环保、自然、大地、植物、春天、青春、健康、食品、田园等时，可以选取绿色或相近色作为设计的主体色彩（图2-30）。

红配绿是经典的对比色，红色和绿色（图2-31）如何搭配呢？比如在大面积的不同的绿色中点缀红色，不失为一种很棒的方式，或者降低红绿的饱和度，使它们变灰，暗淡下来，也是很不错的方式。绿色是直接体现自然能量的颜色。强调绿色可以让人感到自然的恩惠与活力，绿色是冷色，单一使用很难让画面变得鲜艳，但是与补色红色相组合，绿色可以成为主角，展现出难以想象的魅力。

绿色是蓝色和黄色的混合体，黄色成分多，就是黄绿色，体现出明快的感觉，并带有开放感（图2-32）。蓝色成分多，就是蓝绿色，会带来强烈的

图 2-31　红绿搭配家居

图 2-32　黄绿色调

图 2-33　蓝绿色调

图 2-34　蓝色意象

图 2-35　蓝色在家居印花设计中的使用

冷静感（图2-33）。

（5）蓝色：一种能让人冷静下来的色彩。蓝色是冷色的中心色，色相非常纯粹，表现冷静和理性。蓝色不混有任何颜色，是最具冷色系特征的颜色，给人简洁冷静的感觉（图2-34）。

蓝色在家居印花设计中的使用（图2-35）。

（6）**紫色**：是一种神秘而优雅的色彩。紫色可以构筑幻想且浪漫的世界。其他颜色想要表现出女性优雅艳丽的感觉很难，但只要加上一点紫色，就会很容易表现出女性的特性。同色系的紫色配色，可以体现出宁静优雅的感觉（图2-36）。

如果紫色中加入一点补色（图2-37），就可以表现出开放华丽的感觉。

（7）**洋红色**：常常被归为红色一类。但与红色的意象效果却是完全不一样的。没有洋红色很难表现出大城市的华丽感。能够表现出女性感觉的色相除了洋红色别无他选。明亮的洋红色可以产生轻快优雅而华美的感觉。暗色调的洋红色可以体现出高格调而成熟的华美感（图2-38）。

洋红色中加补色或色相上环距离较远的色相可以在华美感上增加开放感（图2-39）。

要想提取色彩，首先我们可以借鉴其他艺术作品，来进行色彩的提取配置。比如借鉴中国绘画艺术、传统工艺、民间美术、工艺美术品，西方现代风格的绘画作品及国外的工艺品，还可以借鉴摄影及写实照片（图2-40）。

其次，还可以从大自然中进行色彩的提取配置，比如花卉、昆虫、飞禽走兽、石头草木、海洋生物等都可以用于取材，提取色彩，用于设计（图2-41）。在进行自然色彩提取时，要保持自然色彩的原有整体感觉无大偏差，如果忽视这一重要因素，将颜色的比例关系搞错，如将某颜色面积使用过大或过小，或将某种特有的颜色位置关系打乱，就会改变色彩原有的色调，而无法达到我们所期望的色彩效果。

图 2-36　紫色意象

图 2-37　紫色搭配互补色

图 2-38　洋红色意象

图 2-39　洋红色搭配互补色

图 2-40　借鉴其他艺术作品设计的家居产品

图 2-41　从大自然中提取色彩设计的家居产品

二、印花设计与流行色

1. 色彩的调性

印花图案色彩的调性是指图案色彩上的主旋律与大面积色彩倾向。比如在调配一幅图案的颜色之前，首先要对图案的色调有一个总体的构想，确定大的色彩基调，颜色的面积比例关系对色调有着至关重要的影响，如这个案例（图2-42）蓝色调家居搭配。

2. 色彩的均衡

印花图案的色彩均衡性也就是人们常说的色彩“匀称感”。比如设计具体的图案色彩时，在色彩布局上应该以画面中心为支点和基准向左、右、上、下或对角线进行力量相当的配置，就像这个案例（图2-43）色彩的均衡搭配。

3. 色彩的主次和层次

印花图案的色彩主次和层次即在图案配置色彩时应根据内容分出主宾。就像在这个案例（图2-44）中，主色面积不一定最大，可是它发挥着关键的作用，一般使用在重要的主体部分，配置对比色来加强感染力；宾色要求在色彩明度、色相、纯度的选用上必须根据主色有所节制。色彩主次主要靠色彩对比度来完成，而色彩的层次是靠色彩三要素的色差来实现的。

4. 色彩的呼应

色彩的呼应即在印花图案画面中，点、线、面反复使用色彩。反复使用色彩就能构成色彩呼应而产生节奏及和谐之美。我们为了形成少套色达到多色而丰富的效果，需要同种或同类色彩在上、下、左、右、里、外、前、后诸方面彼此呼应，这样才

图 2-42　蓝色调家居搭配

图 2-43　色彩的均衡搭配

图 2-44　色彩的主次和层次

图 2-45　色彩的呼应

图 2-46　色彩的点缀

能使画面构成和谐而统一的美感，如这个案例（图2-45）色彩的呼应。

5. 色彩的点缀

点缀色在印花图案色彩设计中能起到画龙点睛的作用。在这个案例（图2-46）中，点缀色在面积上恰到好处，面积太大则会使统一的色调遭到破坏，面积太小则容易被周围的色彩同化而不起作用，可见点缀色具有醒目、活跃的特点。

6. 流行色

与社会上流行的事物一样，流行色是一种社会心理产物，它是某个时期人们对某几种色彩产生共同美感的心理反应。所谓流行色，就是指某个时期内人们的共同爱好具有倾向性的色彩。其实流行色只不过是一种趋势和走向，它是一种与时俱变的颜色，其特点是流行最快而周期最短。流行色就是流行的风向标，掌握了流行色的风舵，就能引领潮流方向。

下面介绍几种曾作为流行色出现过的色彩：

（1）**盛典红**：这抹来自于嘉年华盛典的橙红色调散发着令人振奋的激情与活力气息，高明度的色感直逼眼球，刺激着我们的感官。结合中性色调用在家居设计之中，将时尚的韵味与个性张扬的态度表达完美结合，在惊艳的视感中展现着优雅、精致的生活姿态（图2-47）。

（2）**杰斯特红**：融合了深度与强度的杰斯特红将浓厚的优雅与都市感融为一体，沉稳的色调兼具时尚与典雅气质。将其用作家居背景装饰，可以塑造典雅洗练的意境氛围，当然最好是结合中性色使用。它也可以结合布艺元素用于居室的强调装饰，以突出优雅夺目的视感体验（图2-48）。

（3）**姜黄色**：是带有一丝辛辣刺激感的。它可以为居室带来一份活泼的生气与时尚鲜活的都市质感。它与爱马仕橙十分相似，但又比爱马仕橙更为薄透轻盈。因而，在装饰设计中可以借鉴爱马仕橙的配色法则，比如，它可以和蓝色撞色搭配以呈现优雅时尚的气质观感，也可以和中性色配合打造高调时髦的现代空间（图2-49）。

（4）**活珊瑚红**：是一款亲和而富有生气的色彩，带着海洋的水润清凉，又兼备一丝甜美与梦幻。甜而不腻、暖而不燥的色调是打造浪漫女性空间的不二之选。它最完美的配搭是与纯白或蓝调结合，在冷暖协调中打造出充满愉悦感的浪漫居室（图2-50）。

（5）**孔雀粉**：是一款极富戏剧张力的热粉色，明丽的色调如同孔雀张开的羽扇般，十分引人注

图 2-47　盛典红

图 2-48　杰斯特红

图 2-49　姜黄色

图 2-50　活珊瑚红

目。用在家居设计中，是打造戏剧化空间、制造焦点的“法宝利器”（图2-51）。

（6）辣椒茎绿：带着食物的感官刺激激起了我们对自然生活的渴望。这抹莹润的黄绿色十分适宜大面积用在居室，清润的色泽温和舒怡，将源源不断的自然气息释放开来（图2-52）。

（7）山杨黄：像灿烂的阳光般有着一抹独特的温柔气质，这抹气质中饱含了欢乐与愉悦，令人见之心喜。因此，打造充满舒怡感的家居空间一定少不了山杨黄的介入，无论是用作背景还是主题强调色彩，又或与传统元素融合、与现代格调互搭，这抹温馨的色彩都能打造出令人心心念念的宜居格调（图2-53）。

（8）帝王蓝：拥有十分明快清丽的色调，如同皇冠上闪闪发光的蓝宝石，带着一份尊贵与庄严，令居室熠熠生辉。与墙漆结合装饰墙面是十分得体的选择，莹润而光亮的模样为明亮的居室带入一份令人心动的高雅质感。把它用于暖色空间的强调装饰，也能以独特质感打造出令人惊艳的视感效果（图2-54）。

（9）焦糖色：优雅的令人心动，温润清甜、内敛柔和，就像是大提琴缓缓奏出低沉的旋律，将思绪放空在一片宁和之中，舒逸的生活莫过于如此。在使用时，焦糖色最好大面积出现，结合于木作、壁纸、墙面漆等装饰背景，可以打造出优雅、沉静的空间。焦糖色结合于单色布艺、皮革等元素装饰居室，可孕育出一份典雅与沉炼的气质（图2-55）。

图 2-51　孔雀粉

图 2-52　辣椒茎绿

图 2-53　山杨黄

图 2-54　帝王蓝

图 2-55　焦糖色

图 2-56　杧果莫吉托黄

图 2-57　苔藓绿

（10）杧果莫吉托黄：带有一丝金色调的杧果莫吉托黄仿佛晴空下随风起伏的金黄麦田，满目洋溢着丰收的喜悦之感。可以说这抹色晕饱满的黄色调满足了我们对舒适享受的渴望，是打造怡然生活居室的好帮手。以它作为居室主角进行色彩诠释，迎合明亮的光线作用，令人振奋的幸福生活就此开启（图2-56）。

（11）苔藓绿：和我们常常用到的雪松绿十分相似，饱满的色调常常让人联想到繁茂的树叶和自然界的葱郁美景，可以极大地满足我们对自然生活的向往与渴求。它在家居设计中的配搭运用也可参照雪松绿的配色原则，以清透的纯白色为最佳。可以想象当满目的绿色墙面下，明媚的纯白色犹如绽放的绒花摇曳其中，清丽的模样令人迫不及待地将它拥有（图2-57）。

（12）甜丁香粉：浪漫而柔和，粉红色的甜美之中又展露着浅紫色的轻盈梦幻，似是香气馥郁的粉色丁香花，想要将它时刻捧在手心。将它运用到家居设计之中，娇嫩细腻的色调与饱满丰盈的线条勾勒出少女心中的童话世界，可以满足人们对浪漫的憧憬（图2-58）。

图 2-58　甜丁香粉

第三节　组织排列接版方法

一、基本单位和组织形式

生活中，“点”无处不在，大千世界里每一个复杂的物体，说到底都是由基本的点构成的。俗话说：“万丈高楼平地起。”因此，学习印花设计也是从基本的点开始。

1. 点

点在几何学上，只有位置，没有面积。在实际构成练习中，点要见之于图形，并有不同大小的面积。至于面积多大是点，要根据画面整体的大小和其他要素的比较来决定。点在构成中具有集中、吸引视线的功能。连续的点会产生线的感觉，点的集合会产生面的感觉，点的大小不同会产生深度感，几个点会有虚面的效果（图2-59）。

印花图案设计中，构成完整纹样循环中的基本单位也叫作点，是纹样构成的基点，也是设计的起点。主要是指由单一的纹样元素或多种纹样元素组合，且具备相对独立特征的纹样单位。点，不但是散点形式纹样构成的基点，更是其他形式纹样构成的重要基础。构成点元素的内容与形式非常丰富，掌握纹样元素构成点的方法，是利用好纹样不同设计形式的关键。

（1）单一的元素：单一的元素可以构成点的形式，如图2-60所示。

（2）多种元素组合：多种元素组合可以构成点的形式，如图2-61所示。

图 2-59　不同的点

图 2-60　单一元素点的构成

图 2-61　多种元素组合点的构成

2. 纹样构成的基本形式

纹样构成的基本形式可分为散点组织形式和几何组织形式。

（1）散点组织形式：根据设计需要安排一个或数个由纹样形成的散点（图2-62），形成完整的纹样构成是散点组织形式常用的方法。

❶ 一个散点的纹样结构。无论平接还是跳接都具有规律性和秩序感（图2-63）。

❷ 两个散点的纹样结构。排列时不但要考虑基本散点的形式和特征，也要考虑散点与散点之间主次、大小、前后的变化与统一（图2-64）。

❸ 三个散点的纹样结构。纹样的形象应考虑不同组合、不同姿态、不同方向、不同大小、不同色彩、不同轻重等关系，形成丰富的纹样变化和不同的视觉效果（图2-65）。

如图2-66所示多个散点的排列形式，形象变

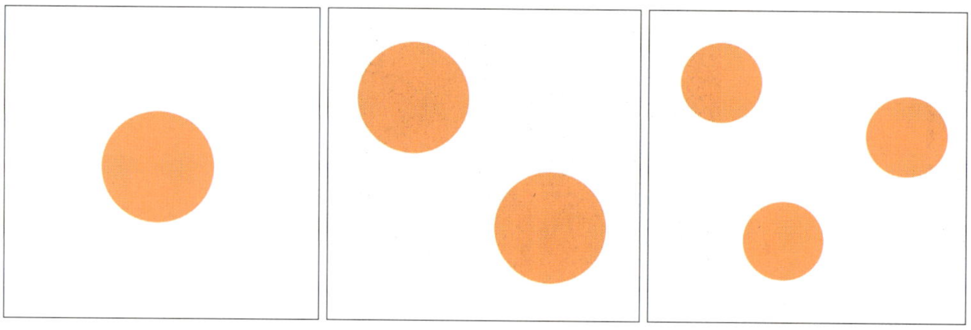

图 2-62　散点组织形式

图 2-63　一个散点的纹样结构

图 2-64　两个散点的纹样结构

图 2-65　三个散点的纹样结构

化生动，有量的多少、大小、长短等不同；还有方向、姿态、方圆、轻重、色彩的变化，加上组合的疏密虚实等处理，显得自然生动、自由灵活，能够随心所欲地表现多种艺术效果，也易于使纹样之间产生穿插自如的组织，充分应用变化、对比、平衡等形式美法则。

几何组织形式的纹样构成是利用几何形体或几何形式构成的连续骨架，完成单元循环中纹样组织的方法。这种排列的特点是连续性十分紧密而突出，纹样的形与纹样的骨架之间极其自然地形成一种网状的组织骨架，表现出非常有规律的节奏感。

几何纹样的构成方法很多，可直接表现印花纹样（如条格等），也可作为几何骨架在其中安置、嵌入几何形或其他纹样，或以色彩来填充形体不同部位，使之产生丰富变化。

（2）几何组织的类型可分为：平铺式、连缀式、重叠式和缠枝式（图2-67）。

❶ 平铺式排列。是指将同一纹样单元在空间上向上下、左右等方向同一反复，要素在规格范围内的重复出现产生秩序、稳定、永恒性的美感。如图2-68所示，几何图形有规律的上下、左右进行对称和重复，使视觉获得了稳定、平衡和秩序的视觉感受。

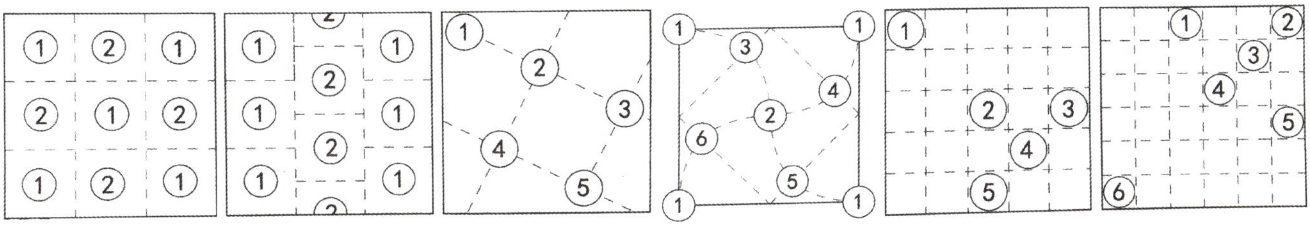

图 2-66　多个散点的排列形式

图 2-67　几何组织形式分类

图 2-68　平铺式排列图案及应用

❷ 连缀式排列。是以几何的交叉菱形线骨骼为基础，与散点的纹样密切结合，具有静中有动、齐中有变、延绵不断、曲折回绕的艺术特征。如图2-69所示，相同的图案以秩序的菱形为骨骼，以及整齐化的表现方式，产生韵律、秩序、条理、安定的艺术效果。

❸ 重叠式排列。是指两种不同类型的排列骨架的重叠交织，它的特点是层次丰富、耐人寻味、变化生动，另有一种类似音乐和声之美感。如图2-70所示，运用相同或相近的造型元素或组织关系，连续有规律地反复出现，并交错重叠在一起，以体现出和谐统一、富有整体感的视觉效果。

❹ 缠枝式排列。是以几何形曲线构成的骨架为基础，与散点的自然花型密切结合的一种纹样组织形式，“s”形骨架在规律中体现出生动性和变化性，产生动静相宜的艺术效果。如图2-71所示，几何曲线的变化往往以花枝为主，花枝紧紧围绕花型进行穿插变化，散点的花型则紧密地依附于几何曲线所形成的花枝骨架，由花枝连贯地穿插花朵，形成有机的整体。无论是哪种基本单位的组织形式，都要根据形式美的法则进行设计，力求做到严谨、规整、统一、协调的效果。

图 2-69 连缀式排列图案及应用

图 2-70 重叠式排列图案及应用

图 2-71 缠枝式排列图案及应用

二、循环单位和接版方式

由于纹样在印花产品中使用目的、使用位置的不同，形成了丰富的纹样形式。不同纹样形式构成骨架的区别及特点又形成了纹样形式构成方法的差异。但是，不同的纹样形式在构成的初始阶段，对纹样元素的处理和使用的基本规律是相通的。

1. 单独纹样

单独纹样的形式是最简单、最基础的纹样构成形式，也是印花纺织品中应用最多、最广、最直接的纹样形式。尤其在印花服装、服饰产品中的应用，更是占了非常大的比例。单独纹样形式又分为：对称式、均衡式、适合式等不同组织形式。

（1）对称的单独纹样形式：对称单独纹样形式的特点是以垂直或水平轴为基础，形成上下、左右一致或上下左右完全一致的纹样。对称单独纹样的构成形式非常丰富，包括绝对对称、相对对称、相背对称、旋转对称、交叉对称、向心对称、离心对称等。如图2-72所示，列举了两种不同的对称单独纹样构成骨架。对称纹样形式的结构更为严谨稳重、整齐规则，运用好不同的对称形式，可以演化出不同的纹样效果（图2-73）。

（2）均衡的单独纹样形式：其特点是纹样的大小、位置、远近、疏密均不受对称轴或对称点的限制，结构相对自由，但追求纹样重心的稳定和纹样左右或上下的平衡。如图2-74所示的两种不同的单独均衡纹样的构成骨架。均衡纹样穿插自如、变化舒展、活泼动感、主题突出。均衡纹样的用途也非常广，既可以单独使用（图2-75）也可以组合使用。

（3）适合的单独纹样形式：适合形式的纹样是适合骨架形式构成的另一种完整纹样形式，往往具有外形轮廓的限制。纹样效果具备相对独立的特性，可以满足某些特殊使用的纹样设计要求。构成

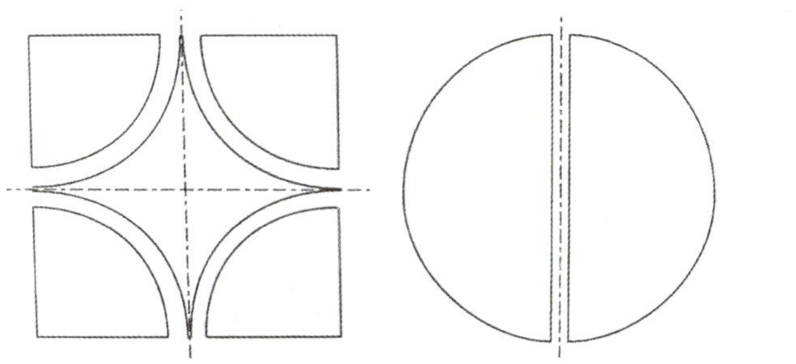

图2-72　对称式单独骨架

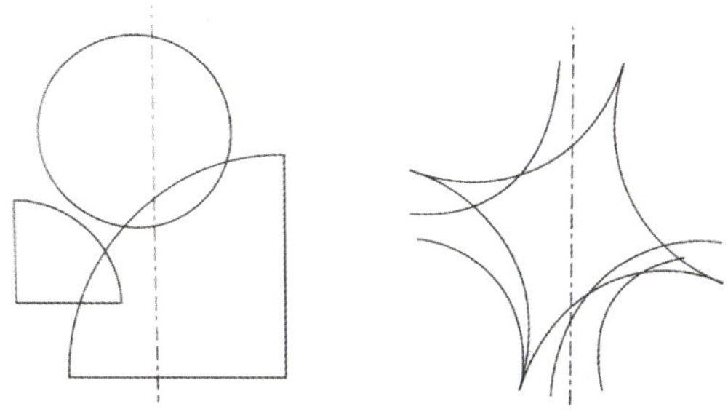

图2-74　均衡式单独骨架

图2-73　对称式单独纹样

图2-75　均衡式单独纹样

适合纹样的组织形式有多种类型，纹样的外部形状可以分为几何形、自然形、人造形等，可以形成外形适合、角隅适合、边缘适合等形式。在相应的外部轮廓中，纹样的构成形式也是多种多样的，较为常见的有离心式、向心式、均衡式、对称式、旋转式等。其中，几何形最常见的有：正方形适合骨架（图2-76）及纹样（图2-77）、圆形适合骨架（图2-78）及纹样（图2-79）、三角形适合骨架（图2-80）及纹样（图2-81）。

2. 纹样连续的原理

纹样连续的原理是指为了纹样设计的需求或适应连续印花生产的技术要求和设备条件，按照一定的规律使纹样单位通过上下、左右或上下左右的连接，形成没有明显接缝的完整纹样效果。连续的纹样形式，既具备装饰的美感特征，又可以满足生产的技术需求。可以利用的纹样连续形式有很多，归纳起来，有如下几种典型形式：

（1）二方连续纹样：是指一个单位纹样向上下或左右等两个方向反复连续循环排列，形成无限连续的条带状的图案构成形式，可分为散点式、折线式、波浪式等（图2-82）。在设计应用中也称纹样平排连续。这种纹样的连续形式用途非常广泛，

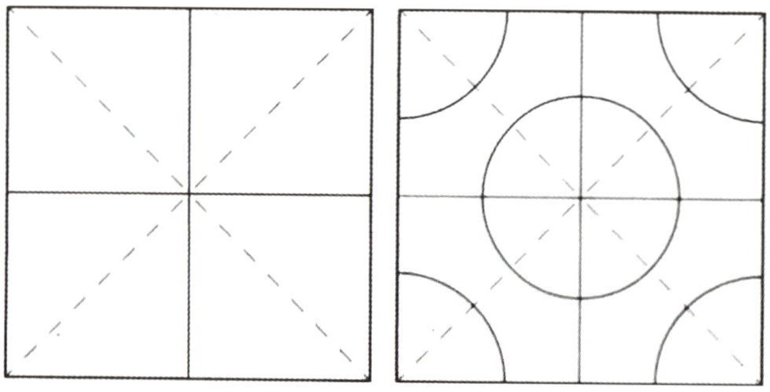

图 2-76　正方形适合骨架

图 2-77　正方形适合纹样

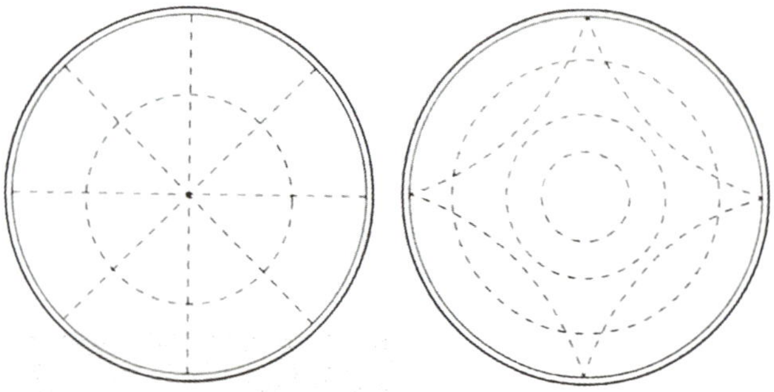

图 2-78　圆形适合骨架

图 2-79　圆形适合纹样

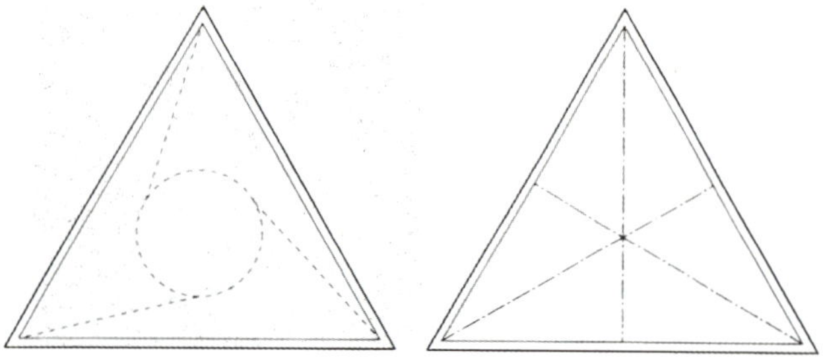

图 2-80　三角形适合骨架

图 2-81　三角形适合纹样

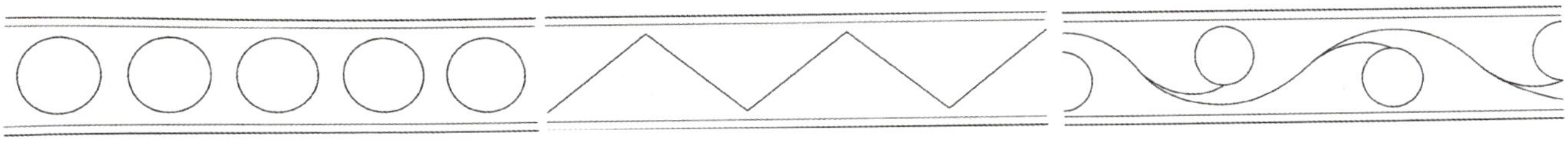

图 2-82　二方连续骨架

图 2-83　二方连续纹样

图 2-84　四方连续纹样

常用于服饰产品的纹样设计中。纹样结合不同的连级形式进行连接，形成既规则统一又变化丰富的纹样效果（图2-83）。

（2）四方连续纹样：单位纹样向左、右、上、下四个方向同时进行重复连接的方式。

四方连续纹样的连续方式也是印花纹样设计中常常使用的处理纹样连接的方式。这种方式既可以解决纹样自身的连接，也可以解决生产印制过程中的纹样设计单位之间的连接，其解决了印花生产与纹样设计之间的关系，是常用的连接方式（图2-84）。

这种连续的状态给人们视觉上、心理上以匀称的韵律感和反复统一的节奏感，尤其因为反复连续，明显突出了形式美感。那么什么是纹样的循环单位呢？

循环在我们的生活中指的是以环形、回路或轨道运行；沿曲折的路线运行，特指运行一周而回到原处，再转。

3. 循环单位

根据设备规格和设计需要所界定的循环单位是进行纹样设计的完整单位，就是该花型的循环单位，也称“花回”（图2-85），是纹样设计的起点。花回是独立、完整的纹样循环单位（图2-86），一个完整花回中的纹样设计的成功与否，直接影响印花面料的最终效果。

印花图案设计是在单位尺幅的纸张或者其他介质上进行和完成的，或者说是以单元或单位花回的形式完成的。在设计中，完整的花回纹样首先要具备自身的完整性和美感，独立花回中的信息要充分表现设计的主题和风格；其次，还要考虑独立的花回在生产过程中形成连接后的整体效果。花回连接

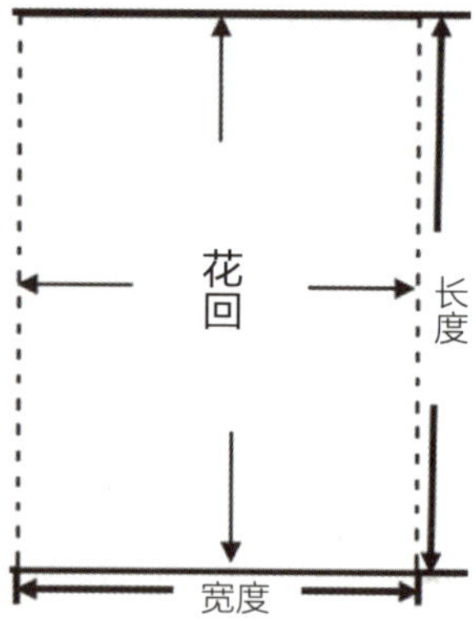

图 2-85 花回

图 2-86 印花单位花回

图 2-87 服装印花裙料设计

图 2-88 家纺印花面料设计

的具体方式，都会直接影响印花产品的最终效果。在遵循技术规格的同时，调整花回的尺寸和循环方式，如服装印花面料中的裙料设计（图2-87）、家纺印花面料的设计（图2-88）等，都可以通过纹样循环单位达到最好的效果。

4. 接版

纹样印制过程的前提是通过制版完成纹样的连接，是指完整的单位花回通过不同的方法完成上、下、左、右不同方向的循环延续，连续型图案单元纹样之间相连接的方法叫接版。常见的接版方法有平接版和跳接版两种。

（1）平接版：是指单元纹样上与下、左与右相接，使整个单元纹样向水平与垂直方向反复延伸（图2-89）。在设计平接版的四方连续图案时，可以将纹样单位上下、左右卷折（图2-90），也可以将图案沿对角线剪开，进行上下左右四个方向的连接（图2-91），这样做既准确又能看出连续后的效果。

（2）跳接版：以最常见的1/2接版为例，单元纹样在上下方向相接，而左接右时，应先把左右部分分为上下相等的两部分，然后使左上部纹样接于右下部，左下部纹样与右上部纹样相接，形成单元纹样垂直方向延伸不变，而左右呈斜向延伸状态，故称为斜接版或跳接版（图2-92）。在设计跳接版的四方连续图案时，将单位花回上下方向进行对卷，左右方向错位1/2个单位卷折，即左上顶点与右中点重合，右下顶点与左中点重合（图2-93）。也可通过纹样单位的二分之一裁切，然后挪动纹样的位置形成纹样连接的方法（图2-94）。

5. 纹样布局类型

纹样布局主要指要素占据平面空间的密度，以及“花”与“地”的比例状态，也可理解为构图的基本样式。根据不同品种和图案风格的要求，一般可分为以下三类：满地布局（图2-95），清地布局

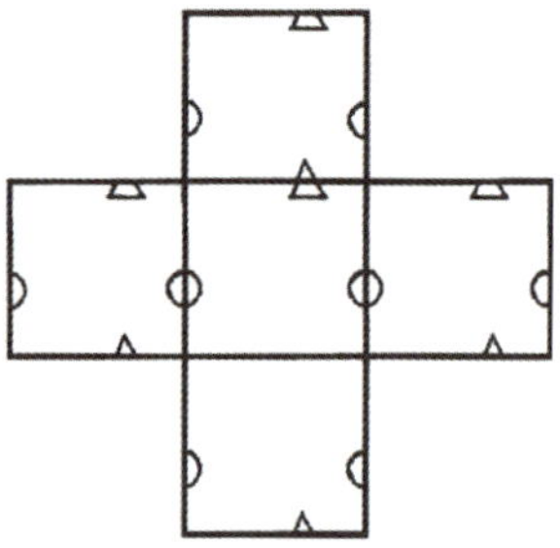
图 2-89 平接版示意图

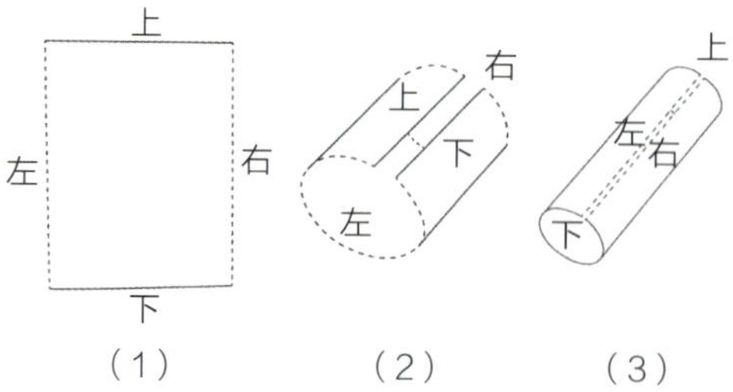

图 2-90 平接卷折法

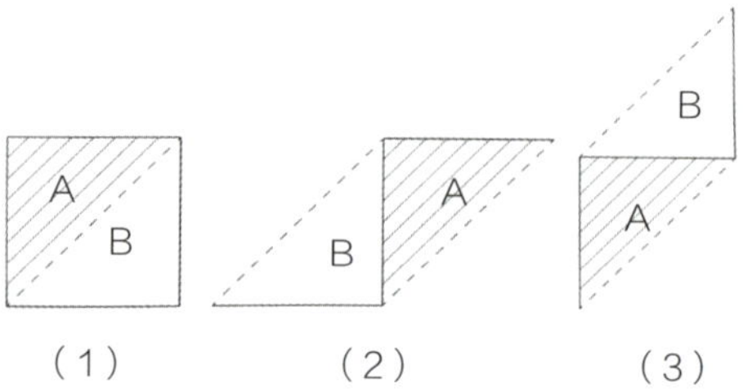

图 2-91 平接开刀法

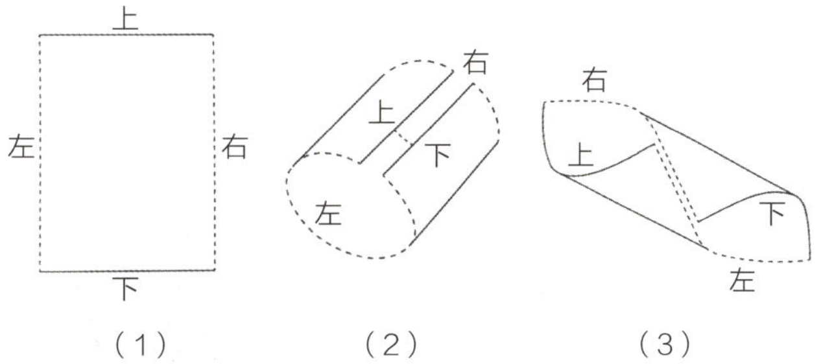

图 2-93　跳接卷折法

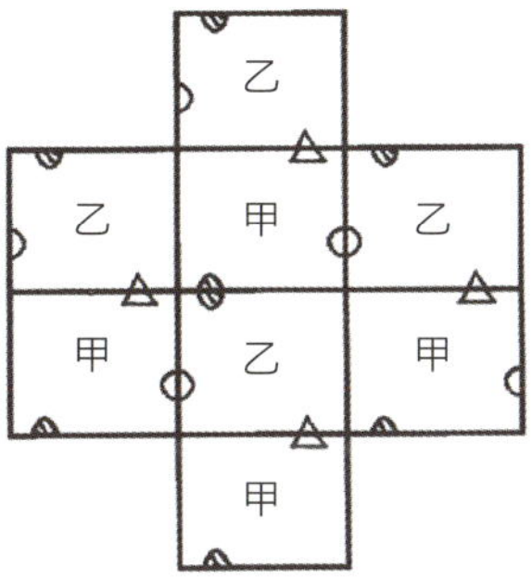

图 2-92　跳接版示意图

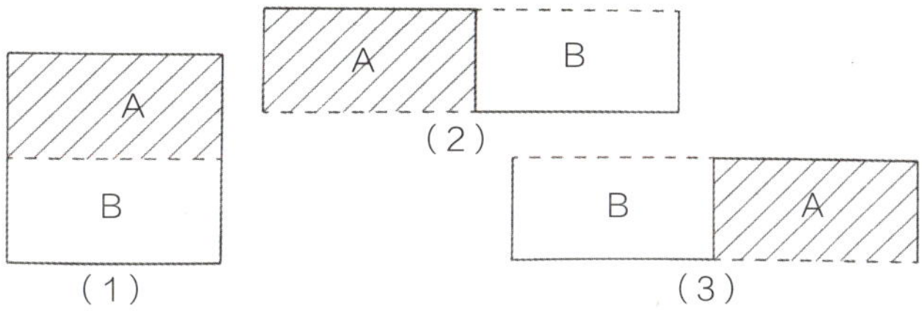

图 2-94　跳接开刀法

图 2-95　满地布局

图 2-96　清地布局

图 2-97　混地布局

（图2-96）和混地布局（图2-97）。

（1）满地布局：又称满底图案，是印花图案设计中对四方连续图案设计的一种编排方式。是指“花”型占据画面的整个或大部空间，图案由主花、辅助花、点缀花三大关系构成，特点是花多地少，有时地色不明显，甚至不确切存在，以层层叠叠不透地来实现图案的多层次、饱满的艺术效果。这种布局形式给作者以较大的创作空间，多用于装饰变化强，或抽象、多层次效果的图案，配以一定色调变化和不同形式的对比，呈现多种风格、多种种类的布局变化（图2-98）。

（2）清地布局：是指图案中花型占据空间比例小，地纹面积多于花纹面积，留有较多的空地。“花”约占平面空间的二分之一以下，特点是花地关系明确，有清楚可见的地色面积，这类图案讲究图案章法，强调姿态优美、造型完整，花叶相应、穿插自如、自然得体，表现出“花”清“地”明、布局明快的特色（图2-99）。

图 2-98　满地布局图案家纺

图 2-99　清地布局图案家纺

图 2-100　混地布局图案家纺

图 2-101　服装与图案的统一

图 2-102　服装与附件、配件的统一

（3）**混地布局**：是印花面料中最常见的图案编排格式。“花”“地”各占平面空间的一半，强调图案与空间布局的整体效果，注重花与地的疏密适中，且富于变化，排列匀称，往往采用多种表现技法配以一定的对比变化因素，以求得表现效果的多样性（图2-100）。

三、服装服饰的印花设计

俗话说“人靠衣装，马靠鞍”，意思是人穿上一身得体的衣服，就会显得分外精神；马备上一副讲究的鞍鞴，就会显得特别俊美。说明衣服对人体的形象美有极大影响。服装服饰上的印花图案既有实用功能，又可以使人得到美的享受。因此，服装图案是实用和装饰相结合的一种艺术形式，其特征为统一性、工艺性、审美性。

1. 服装图案的统一性

❶ 服装与图案的统一（图2-101）。

❷ 服装与附件、配件的统一（图2-102）。

❸ 服装与环境的统一（图2-103）。

2. 服装图案的工艺性

服装花型图案设计与纯绘画不同，绘画创作可以直接发挥其应有的作用，而服装图案如果脱离了服装，就不能充分显现出它的装饰作用和经济价值。它不只停留在纸面上，而是要通过更重要的制作过程表现出来。成品效果的好坏，是设计和生产水平高低的标志，所以必须密切结合生产条件，如工艺、染化料、印花方法等。

花型作品是作者对事物提炼和概括的艺术表现手法。作者将自然界中的东西，通过自己的思想感情，结合生产条件可以产生不同的装饰特性和图案风格。那么，在构思的过程中，流行性是不容忽视

图 2-103　服装与环境的统一

图 2-104　匹料图案

的，因为服饰花型有很强的周期性，它与时代和社会风尚同步，迎合消费者的流行心理需求，具有新颖性、时尚性、刺激性，对消费市场起着一定的导向作用。服装图案的审美性体现在服装印花图案的设计开发中，外观花型和色彩是作为产品的重要视觉因素，首先奉献给广大购买者，二者对产品市场的成败起着举足轻重的作用。

3. 服装印花图案设计的基本形式

（1）连续的形式：即整体性铺排的布散形式，又称匹料图案（图2-104）。适宜用在服装整体或者衣边、裤边、裙边的图案，多采用连续型图案设计，即用二方连续、四方连续组合而成的图案。这种图案设计的特点是先设计图案，再设计各种款式。

连续型件料图案设计要点：

组合式连续件料图案设计，如图2-105所示。

❶ 沿织物边设计一条二方连续图案，也称裙边。规格宽窄不限，但左右连续的图案单元在33cm内安排，生产时沿33cm方向对接。

❷ 四方连续图案，在33cm×门幅宽度内（除裙边外）连续延伸。

❸ 两种连续的图案，一般在题材内容及色彩搭配上要求相同或相似，多采取组织排列的变化方式。这种图案如根据服饰效果设计，就成为某类件料图案，如衬衣图案、裙料图案等。

独幅式裙料设计，如图2-106所示。规格＝33cm×织物幅宽，33cm方向平接版。多运用对称式、平衡式、呼应式、分割式、重点式、自由式、组合式等构图原理进行设计。

（2）特殊位置的形式：即服装裁片适用的单独型图案设计，又称件料图案或定位图案。是根据

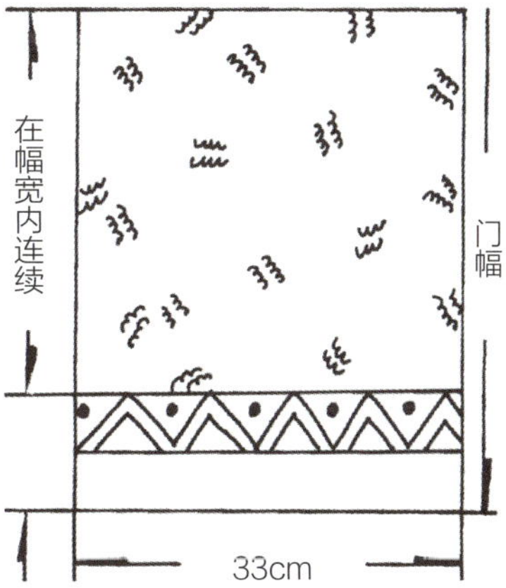

图 2-105　连续型件料图案设计组合结构

图 2-106　独幅式裙料设计规格

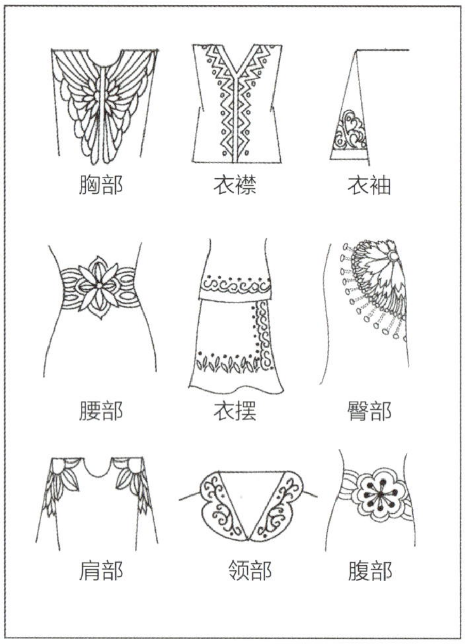

图 2-107　服装装饰部位

图 2-108　服装定位图案设计

图 2-109　单个图案

所选特定装饰部位进行构图，如根据领部、胸部、肩部、臂部、袖部、门襟等（图2-107）可装饰部位来设计专用的图案，它与匹料图案的设计要点相反：是先设计款式再设计花型图案，设计的方法是首先获取服装款式裁片的平面图，选取可装饰部位的平面规格，再在裁片平面内进行构思设计，要求花型图案的装饰风格要与题材选取上相统一，又要考虑服装总体服用效果（图2-108）。那么特殊位置的构图又可细分为以下几种：

❶ 单个图案（图2-109）以单个形式出现的图案。

❷ 界线图案（图2-110）纵向的或横向的、朝一个方向排列的图案。

❸ 嵌板图案（图2-111）多用于围巾上，用框围成一定的图形重复、连续的图案。

❹ 工程图案（图2-112）以服饰形式为前提，在领子、围巾、衣身等部位统一布置有关联内容的图案。

图 2-110　界线图案

图 2-111　嵌板图案

图 2-112　工程图案

服装服饰印花图案设计，构思时要强调观赏性、艺术性、流行性等，犹如一幅活动的立体绘画一样，使服装色彩、品种、款式达到互衬互映的效果。

四、圆网印花规格和排版

人们的生活离不开“衣食住行”，前面针对“衣”一起学习了如何设计服装服饰的印花图案。下面我们围绕“住”来探讨卧室中床品套件的印花设计。以市面上最常见的圆网印花四件套为例，首先，需要明确圆网印花的尺寸和规格要求。

1. 圆网

滚筒周长×面料幅宽（或幅宽除以倍数），常见的滚筒周长有64cm、82cm、91.4cm、101cm等；面料幅宽一般为250cm，设计中常见的尺寸为64cm×64cm、64cm×125cm、64cm×250cm、84cm×250cm等（图2-113）。

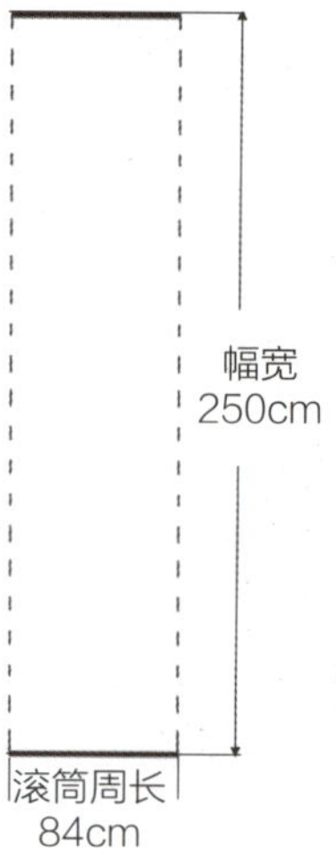

图2-113　圆网印花规格

2. 几种经典的圆网印花设计的排版方式

（1）两头对称式：即以画面的1/2处为中轴线，上下或左右相互对称或均衡的排版方式。如图2-114所示的几何类型的圆网印花图案，其以1/2处对称轴为中心，使图案在上下或左右反复，这种反复以同向、背向位移、错位等方式获得稳定、优美、富有节奏的美感。

（2）以床尾为重心：即以画面的下1/3处为设计重点，这种排版方式较好地体现了床品展示的重点，设计较为巧妙，也是比较常用的排版方式。如图2-115所示的民族类型的圆网印花图案，以床尾（被尾）1/3处为表现的重心，图案形式和色彩都十分丰富，观赏性好，是设计师颇为喜爱的一种排版方式。

图2-114　两头对称式排版

图2-115　以床尾为重心式排版

图 2-116　分段式排版

图 2-117　散点式排版

（3）**分段式**：即将整幅画面分为几个部分，每个部分采取不同的设计方式，但要注意整幅画面要有主体，且各部分之间的图案要相互呼应，具有整体性。如图2-116所示的时尚的圆网印花图案，它就是采用分段式排版，每个平行的段落距离、大小、粗细都不一样，嵌入、重叠不同的纹样和元素，会产生富有时代感、节奏感的构图形式。

（4）**散点式**：即把花型的安置以定点的方式，排列发展成四方连续图案。散点排列是图案设计中较为常用的连续图案的构图方法，可作规则的反复排列，也可作渐变自由的形式。如图2-117所示的装饰花卉的圆网印花图案就是采用散点式排版，具有稳定中有变化、规律中有灵巧的艺术效果。

3. 印花图案的形式美法则

我们在进行圆网印花排版的同时，也要运用构成学中的形式美法则，而形式美法则又是综合贯穿于整个印花图案之中的，其要求通过图案形成艺术美感。

（1）**变化与统一**：变化是指图案画面中两种或两种以上极端不同的形象，或性质相反的色彩等因素并存。统一是指一幅图案中的几个纹样的造型、色彩、技法等相异性小，近似点多，使人产生协调、平静的心理感受。当然，过分的统一会使图案单调而无生气。所以一幅好的图案作品，应该是变化中求统一，统一中求变化。

（2）**反复与条理**：反复是指同一纹样或同一性质的形象，不间断使用，这一构成方法有助于图案内在的统一协调感。反复的方式主要有形状、大小、方向、色彩、位置、空间等的反复变化。条理是指在反复的基础上进行局部变化，反复的局部不规则性便构成条理性。反复与条理可使图案画面产生秩序感与和谐之美。

（3）**对称与均衡**：对称与均衡是自然物象的属性。对称从中心轴线或中心支点出发而形成，具有庄严、安静、稳重之感。均衡是指动态的安定，重心的平稳，在中心轴两旁或中心支点周围的形象虽不相同，但能保持平衡和安定。在图案画面中，上、下、左、右、对角之间的形象、色块、分量都应按适当的重心安排，才能产生美感。

（4）渐变与比例：渐变（又称推移）是类似的、逐步变化着的各纹样重复排列而成的。例如线条由粗变细、形象由大到小、色彩由浓到淡或由冷到暖等，都属于渐变，体现了自然过渡之美。比例就是长与短、宽与窄、高与低等的尺寸概念。比例中的数理之美在图案中应用较多，如“黄金分割比例”在印花设计中就被广泛运用。

（5）节奏与韵律：节奏与韵律是音乐、诗词的术语。在印花图案中，节奏是指图案视觉在“时间上、空间上”有秩序、有规律的运动感。韵律是指图案表现如同音乐、诗词一样的抑扬顿挫。节奏和韵律由一个或一组图案作为单位纹样，进行有规律地反复连续、有条理的安排形成综合性图案，具体有等距、渐变、方向、重复、跳跃等，在二方连续图案（尤其是流线型的连续图案）中有广泛运用。

（6）调和与对比：调和是指把画面基调统一起来，即在各种不同形象、色彩和技法中用一个共同的因素来统一全体。一般一幅完整的印花图案设计作品至少包含一到两个共同因素。对比是指组成一幅图案中的两种或两种以上的元素并置在一起，产生对比现象。经过用“对比”来交叉组合图案单元，会达到意想不到的“平中见奇、引人入胜”的视觉效果。

思考题

1 为什么说生活是印花图案设计的灵感源泉？
2 谈谈在印花图案设计中如何恰到好处的运用流行色？
3 印花图案的接版形式有哪些？分别如何进行接版？
4 连续图案又可分为哪两种形式？分别有什么特点？
5 圆网印花有哪些经典的排版方式？分别有什么特点？
6 如何运用形式美法则进行印花图案设计？

第三章

印花图案表现技法

学习目标

【知识目标】理解不同手绘表现技法，熟悉软件的操作流程。

【能力目标】能运用手绘技法和软件设计完成相应的印花图案设计。

【素质目标】培养印花图案设计应用效果和设计说明撰写的职业素养。

教学过程

阶段			教学过程
序号	任务实施步骤		任务具体分解
1	资讯	接受任务 ↓ 素材收集 ↓ 市场调研 ↓	●学习准备（采用线上线下混合式教学，教师讲解必备的专业知识要点，提供所需学习资料）
2	计划		●布置手绘/软件设计工作任务（根据工作室当季设计任务要求，结合学习情境布置说明相关实际任务） ●制订手绘/软件设计任务工作计划（教师参与学生小组工作分工，落实具体任务）
3	决策	设计构思 ↓ 设计制作 ↓	●查阅搜集相关资料，制订手绘/软件设计方案（由学生组成学习小组，分组进行） ●草稿设计→手绘图案→软件设计→效果模拟→设计说明→展示图
4	实施		
5	检查	提交方案 ↓ 整体评审	●对设计终稿进行展示，小组派代表分析 ●对各组设计方案进行总结分析（针对方案演示，进行专题讨论，学生主讲，工作室教师与任课教师共同引导） ●对设计方案进行总结（老师总结，并提出新的问题要求同学思考） ●对设计方案进行修改，并完成最终设计效果图及画册合辑（学生课后完成） ●对设计方案进行小组互评+教师评价，填写情境考核表等
6	评估		

【设计任务】

项目任务五	传统手绘表现技法	课时	8课时
工作任务内容	设计一幅中国花鸟为题材的印花图案（工笔或写意技法均可）	地点	专业教室
任务提交要求	1. 注意笔法和墨法的运用，工笔表现要用笔工整细致，写意表现要用简练、豪放、洒脱的笔墨 2. 敷色要层层深入，虚实相生，明澈入微，描绘出物象的形和神 3. 尺寸：40cm×60cm		
项目任务六	常规手绘技法表现	课时	8课时
工作任务内容	设计一幅花卉为主题的印花图案（撇丝、平涂、晕染技法均可）	地点	专业教室

任务提交要求	1. 注意花枝形态、穿插组合、花头朝向、大小对比、疏密处理 2. 写实花卉或装饰花卉均可，画面具有较强的完整性和统一性 3. 色彩搭配和谐，套色要求不少于7套，层次丰富，不少于三个层次 4. 尺寸：40cm×60cm，接版要求平接或1/2跳接		
项目任务七	特殊肌理表现技法	课时	8课时
工作任务内容	设计一幅以几何（或抽象）为题材的肌理印花图案（技法不限）	地点	专业教室
任务提交要求	1. 开拓思路，通过实验、发现、制作多种肌理效果 2. 色彩不限，工具不限，方法不限 3. 尺寸：40cm×60cm，不需要接版		
项目任务八	服装匹料图案设计	课时	8课时
工作任务内容	设计一幅以植物花卉为主题的服装匹料图案并应用在不同服装面料上	地点	专业教室
任务提交要求	1. 尺寸：40cm×60cm（单位花回）服装匹料图案的设计（像素150dpi） 2. 表现方法：手绘或软件（AI/PS均可），也可以手绘与软件相结合 3. 接版方式：平接或跳接（1/2），可进行四方连续 4. 画面效果：造型生动、结构严谨、主次分明、布局协调、色彩和谐，具有装饰性 5. 模拟产品：完成简单效果图的模拟，比如衣装、裙装、裤装等 6. 方案展示：展示图为80cm×60cm，排版包括主花型图、色标、模拟效果图、设计说明等，储存为jpg格式的图片（像素150dpi）		
项目任务九	丝巾设计/抱枕设计	课时	8课时
工作任务内容	设计一幅以民族人文为主题的适合图案并应用在丝巾或抱枕面料上	地点	专业教室
任务提交要求	1. 尺寸：50cm×50cm（适合纹样）方形丝巾或方形抱枕图案的设计（像素150dpi） 2. 表现方法：手绘或软件（AI/PS均可），也可以手绘与软件相结合 3. 适合方式：正方形适合纹样 4. 画面效果：图案造型、色彩搭配与技法处理的装饰效果和谐，具有文化内涵和时尚感 5. 模拟产品：完成简单效果图的模拟，比如丝巾、抱枕等 6. 方案展示：展示图为80cm×60cm，排版包括主花型图、色标、模拟效果图、设计说明等，储存为jpg格式图片（像素150dpi）		
项目任务十	圆网印花四件套床品设计	课时	8课时
工作任务内容	设计一组以几何抽象为主题的圆网印花四件套床品方案	地点	专业教室
任务提交要求	1. 尺寸：A\B版的尺寸均为64cm×250cm，像素不低于150dpi 2. 表现方法：PS软件，也可以结合AI进行元素处理 3. 接版方式：水平方向平接版 4. 画面效果：图案形式、色彩组合与排列构成既有对比统一，又有现代时尚的新颖性 5. 模拟产品：模拟床品套件（床单、被套、枕套、靠垫等）的效果 6. 方案展示：展示图为80cm×60cm，排版包括A/B版、色标、模拟效果图、设计说明等，储存为jpg格式的图片（像素150dpi）		

【相关知识】

第一节　传统手绘技法

一、白描技法

在这个经济腾飞、科技发达的时代。人们接受新鲜事物是必要的，但是传统事物的优势也要保留。特别是传统手绘，它与电脑绘画都有自己的风格特色，在印花图案设计中传统手绘（图3-1）的地位非常重要，它不仅可以表现出电脑无法做到的灵动与不可复制性，还可以依靠电脑软件完善图案效果。

在印花图案设计中，手绘表现技法多种多样，例如中国画、油画、版画、水彩画、水粉画等（图3-2）。

常用的画笔工具（图3-3）也是多种多样的，如，铅笔、彩色水笔、记号笔、马克笔、针管笔、水彩笔、喷笔、毛笔、底纹笔等。

图 3-1　传统手绘

图 3-2　不同手绘表现技法

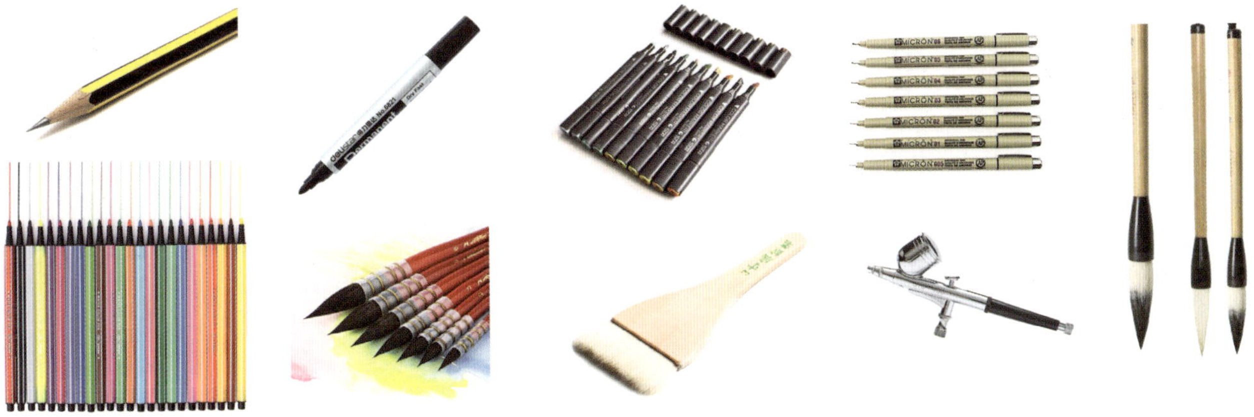

图 3-3　画笔工具

作为中国传统的手绘艺术，最有代表性的就属中国画了（图3-4）。

中国画是我国特有的民族艺术形式，是在我国长期的历史发展中，由于民族性格、历史文化、传统审美观及绘画材料和工具等不同条件，经过无数画家的努力逐步形成的；在表现方法和色彩运用方面都带有强烈的民族特色，在绘画技巧方面，积累了非常丰富的经验，对世界艺术做出了很大的贡献。中国画传统的手绘艺术表现形式主要分为：白描（图3-5）、工笔（图3-6）、写意（图3-7）等。

1. 白描

白描指单用墨色线条勾描形象而不藻修饰与渲染烘托的画法；从古人总结流传至今的十八描（图3-8）看，它是用线对自然物象进行美化、概括、提炼、加工的一种艺术表现形式，它强调表现对象的形式美感，具有丰富的表现力，它可以勾画出所看到的物象轮廓、结构分界，以及物体的质感、深浅变化等。

线是印花图案设计中重要的造型要素，也是塑造形象的有效表现形式。不同工具表现出的线有着不同的个性；同一种工具因操作时轻重、缓急、正侧、逆顺，加上干湿浓淡的变化也可以得到不同特色的线的表达（图3-9）。

（1）勾线笔：在中国画中，常用来勾线的毛笔有：衣纹笔、叶筋笔、大红毛、小红毛、蟹爪、狼圭、紫圭、鼠须等（图3-10）。

一般勾画细而长的线，可选用笔毛较长的叶筋笔、蟹爪笔、鼠须笔等。

勾画粗细变化较大的短线，可选择大红毛、小红毛等。

图3-4　中国画

图3-5　白描

图3-6　工笔

图3-7　写意

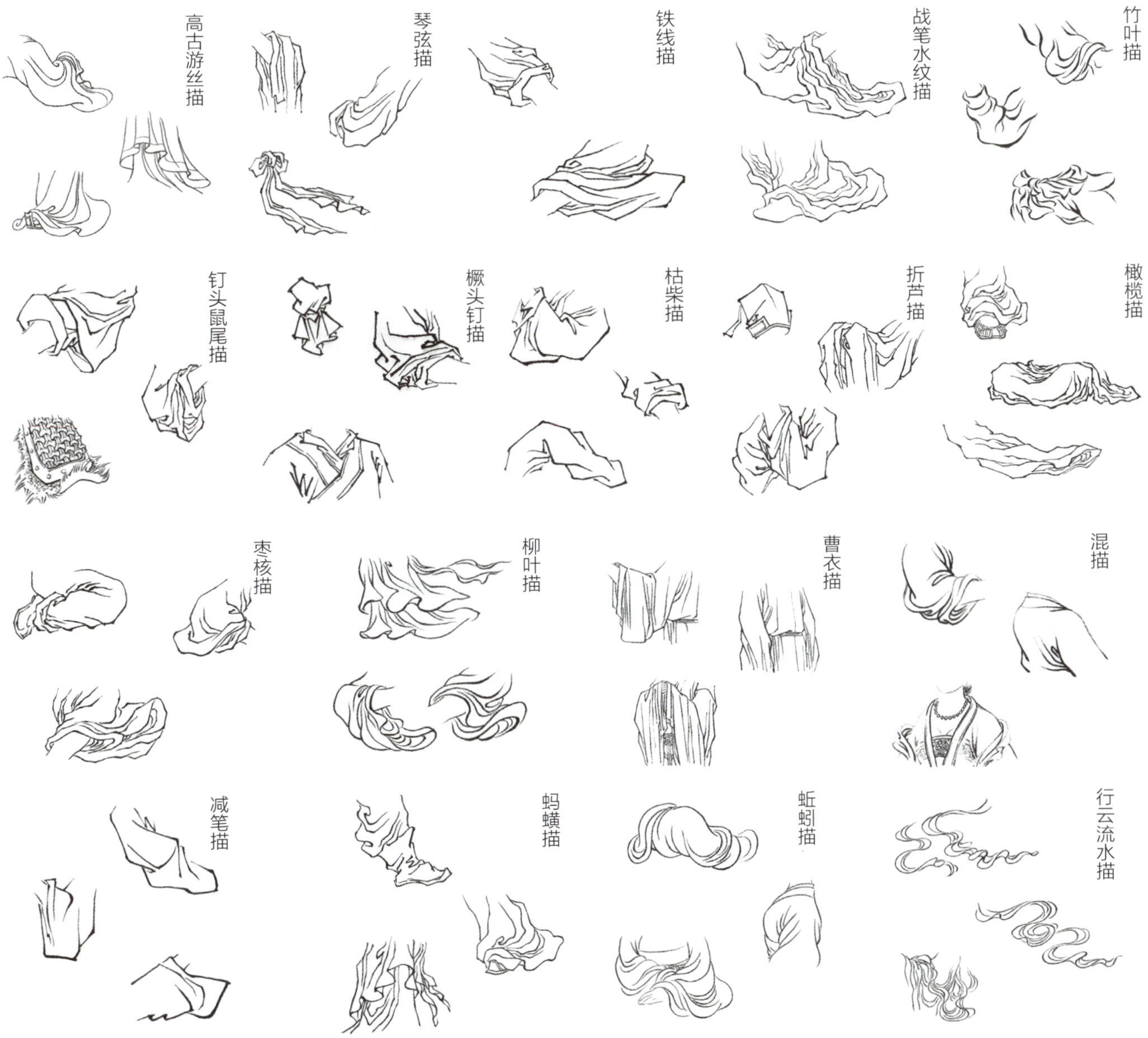

图 3-8 十八描

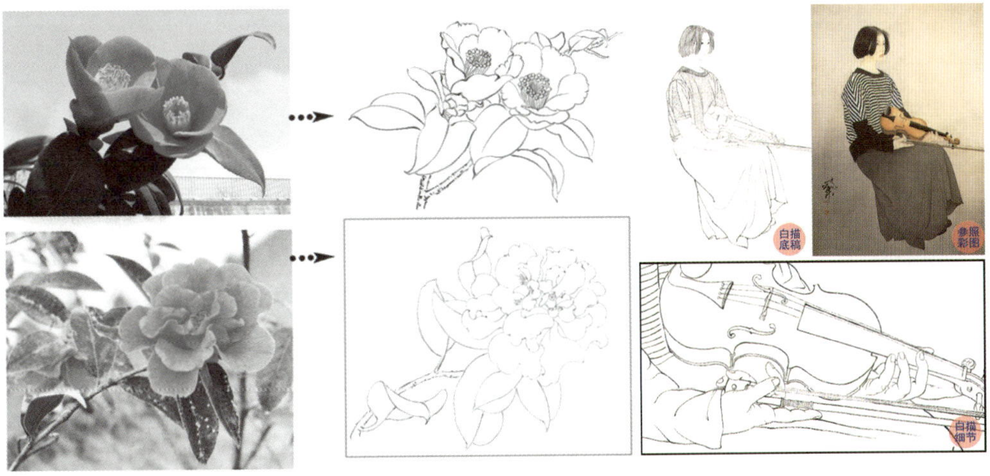

图 3-9 线描写生

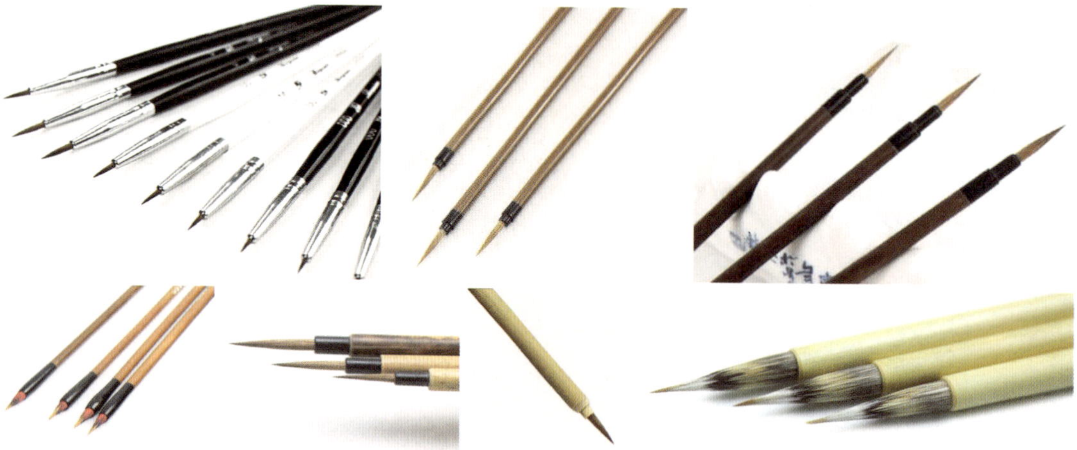

图 3-10　勾线笔

图 3-11　墨

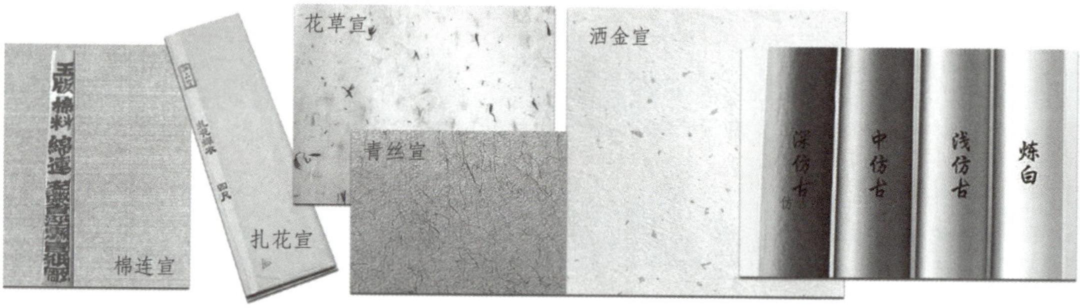

图 3-12　宣纸

（2）墨：按制作材质来区分，墨可分为油烟墨和松烟墨两种（图3-11）。

根据形制来区分，墨可分为墨汁和墨锭两种。

很多时候我们在绘制印染图案时也可用颜料中的黑色或其他颜色勾线。

（3）纸张：绘制中国画，一般选用的宣纸（图3-12）有两种：一种是生宣或生绢，其主要用于画写意画；另一种是熟宣或熟绢，其主要用于画工笔画。因为熟宣纸是生宣纸经过一定比例的胶矾水刷制而成，其性能是不渗水。

自古以来，我们的祖先也有将白描绘制在织物面料、陶瓷等材料上的创新。现今我们也可以尝试用水彩纸绘制印花图案。

除了笔、墨、纸，我们还要准备这几种工具（图3-13）。

- 调色盘
- 笔洗
- 夹子、回形针
- 拷贝台
- 镇纸、笔架

2. 白描的绘制步骤

（1）首先要准备一张勾白描的底稿，这张底稿在古代称为粉本，比喻底本、基础等。

（2）然后将准备好的底稿放置在拷贝台上，铺上宣纸用夹子或镇纸固定。

（3）勾线时要注意放松身姿，特别是双肩要放

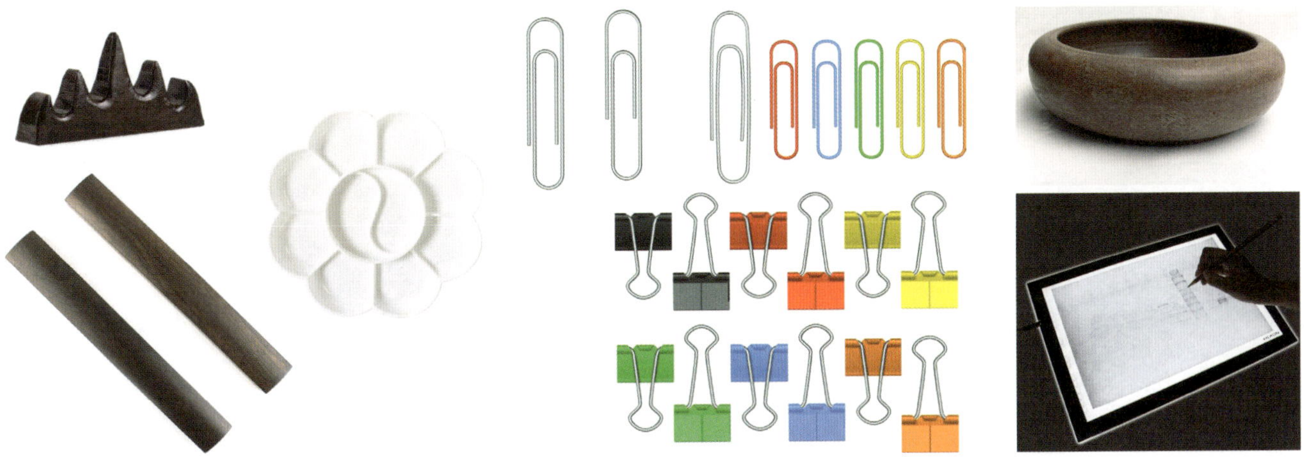

图 3-13　白描其他工具

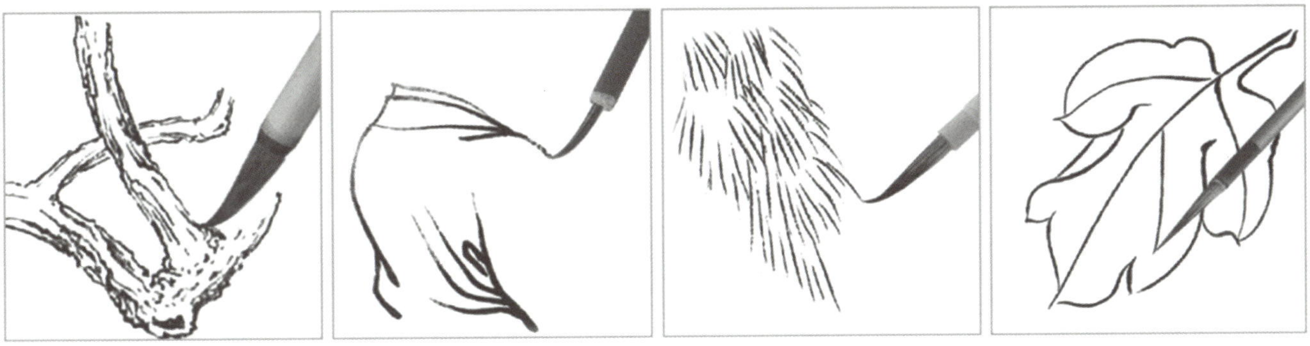

图 3-14　四种线型在白描作品中的具体运用

下来。手握笔的姿势与写书法相同，掌虚，指关节外凸，掌心空虚如握卵，这样运笔时才更灵活。

（4）先调墨，调墨时先在调色盘的一个格子里加入一两滴清水，调匀。

（5）画前，准备一张废纸，材质最好和所画白描的纸张一样，在上面试笔，看看是不是自己所需要的深浅墨色。

（6）中国画中常常把墨色分为：焦、浓、重、淡、清五色，用墨色表现画面的气韵，求得生动是很重要的。

（7）等墨色调到位后，我们就可以勾线了。用笔勾线其实就是中国画中常常提到的用笔，不外乎中锋及侧锋。

（8）中锋执笔，笔杆垂直于纸上，即笔锋在笔道中间行笔。线条圆润、浑厚、粗细均匀、刚劲有力，所以又称“圆笔中锋”，如“锥画沙”“屋漏痕”等。

（9）侧锋又称“偏锋”，用笔侧斜于纸，笔锋与纸面成锐角，笔锋侧于一边，线条粗且扁，一边光滑一边毛，粗细不匀，富有变化。

用笔过程中，每一条线在笔法上都有起笔、行笔、收笔三个步骤，起笔、收笔中，藏锋、回锋的圆与尖，其表现效果在白描中称为“虚”与“实”，这种圆与尖即虚与实的变化，称为线型变化。

线型变化有四种类型 ：实起笔实收笔、实起笔虚收笔、虚起笔实收笔、虚起笔虚收笔。

3. 四种线型在白描作品中的具体运用

例如叶的边缘有凹凸，在用线上要有轻重、虚实的用笔。可以用由实到虚的线型，当然也可以变化着来，用由虚到实的线型。叶梗造型圆润、挺直，用笔用力要均匀，可用由实到实的线型。叶脉细柔，可用由虚到虚的线型来表现（图3-14）。

（1）单枝花卉的造型特点（图3-15）。

❶ 花卉的“S”形姿态（图3-16）。

❷ 花的不同角度（图3-17）——正、侧、开、合。

❸ 叶（图3-18），绘画时注意叶的均衡。

❹ 结构的准确把握——花、茎、叶三者符合自然生长规律（图3-19）。

图 3-15　白描单枝花卉

图 3-16　花卉的“S”形姿态

图 3-17　花的不同角度

图 3-18　叶的均衡

图 3-19　花、茎、叶的结构关系

图 3-20　枝的穿插

图 3-21　花的大小对比

图 3-22　白描花卉写生

（2）组合花枝的穿插方法与组合原则：

❶ 枝的穿插（图3-20）——疏密规律。

❷ 花的大小对比（图3-21）。

如果想要运用优美、潇洒的白描线条绘制印花图案，首先要有一支好用的勾线笔，其次是掌握白描绘制的步骤及四种基本线型的用笔方法。在实际的白描绘画中，对曲线的勾勒处理，笔锋的变化与转折尤为重要。起笔、行笔、收笔如书法用笔。线条在转折时需要有粗细、轻重、虚实变化，以表现出物象的弧度、立体感与质感。要坚持“拳不离手，曲不离口”的做法，才能心手合一，随心而行。线描稿可以从自然中提取素材，要求能够有形的概括能力并根据画面的需要进行调整与发挥，使画面更具美感和完整性（图3-22）。

二、工笔技法

1. 工笔画

工笔画是中国画的一种表现形式，画面精致细腻，形象逼真，意境深远，既能体现传统的绘画功力，又与时俱进，开创了很多新的绘画语言和风貌，受到人们的喜爱。工笔画历史悠久，它不仅仅是一种绘画方式，还承载了丰富的文化内涵，是我国传统绘画艺术的精粹，特别是经过唐宋两代的发展，使工笔画成了绘画的独立体系，作为东方绘画艺术的主流，体现了博大精深的中华文化（图3-23）。

2. 传统工笔画的工具材料

（1）**画笔**：除了要准备一支勾线笔，还要准

图 3-23　千里江山图

备两支染色笔。一支用来蘸颜色；另一支蘸清水晕染颜色。蘸色笔一般选用软毫毛笔。如纯羊毫笔，其较柔软，既能饱蘸色彩，又能在填色时勾线。清水笔常选用大白云、中白云和其他兼毫毛笔。

（2）**墨**：可用墨块，也可用瓶装的书画墨汁，如一得阁、曹素功等。

（3）**纸**：应选用画工笔的熟宣。

（4）**调色盘**：准备一个有多个小格子的调色盘，这是因为传统工笔画调色都要调熟、调透的缘故。

（5）**笔洗**：盛水洗笔的器皿，也是不能缺少的用具。

（6）**中国画颜料**：分石色和水色。

❶ 石色。主要是矿物质颜料，有赭石、朱砂、朱磦、石青、石绿、石黄等。画工笔重彩用得比较多。

❷ 水色。植物颜料，有花青、胭脂、藤黄、西洋红等。画工笔淡彩用得比较多。

3. 单手执双笔法的具体操作（图 3-24）

工笔画设色的执笔方法，与我们的生活密切相关。我们中国人吃饭用筷子，工笔画设色的换笔过程中，有一个动作就是用筷子挟菜的动作。

❶ 画工笔画染色时要一支色笔、一支清水笔［图3-24（a）］。

❷ 换笔时，首先将中指与无名指抽出，让拇指与食指夹住两支笔［图3-24（b）］。

❸ 将中指放入色笔与清水笔之间，用食指、中指与无名指分别将笔夹好［图3-24（c）］。

❹ 松开压住两支笔的大拇指，然后用大拇指推碾无名指与中指之间的水笔［图3-24（d）］。

4. 工笔画基本的设色技法

（1）**平涂法**：在分染前平涂底色，均匀为好，增加整体的色调与体积感。平涂物象时先勾边缘线，然后朝一个方向顺着涂过去。在平涂石色时，如果色厚不容易涂均匀，一般将颜色调薄，涂2～3遍（图3-25）。

（2）**分染法**：是以分层叠加的方法进行设色。分染时用两支笔交替进行，一支涂色，然后快速换清水笔，把颜色晕染开，使颜色由深到浅渐变。这是表现物象起伏、转折、明暗及层次的主要手段（图3-26）。

分染法在印花分色上称泥点法：就是在单色平涂的基础上，由密到疏以泥点衔接推移过渡，密集的地方点重叠，稀疏的地方颗粒分明，疏密过渡均匀。

（3）**皴染法**：多用于质地粗糙的物象，如树干、山石等。

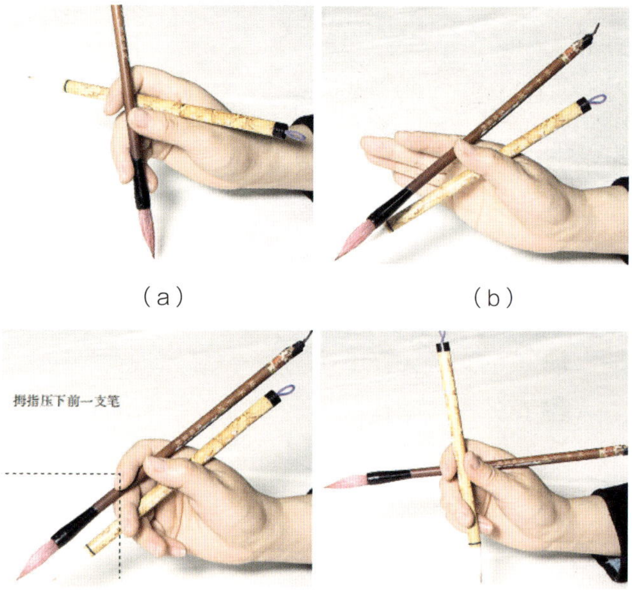

（a）　（b）

（c）　（d）

图 3-24　单手执双笔法

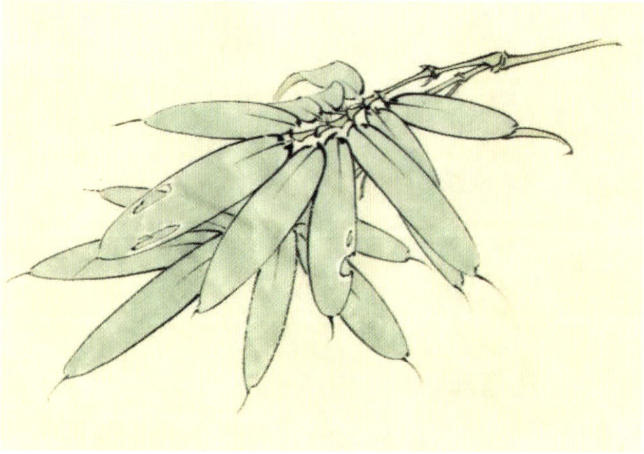

图 3-25　平涂法

图 3-26　分染法

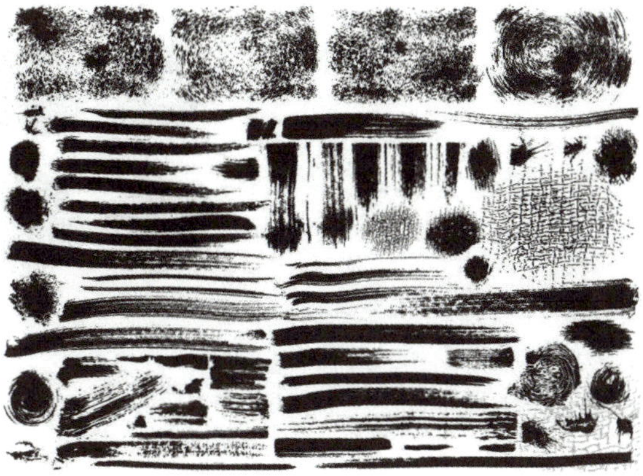

图 3-27　皴染法

图 3-28　丝毛法

图 3-29　撇丝法

图 3-30　中国画写意技法

皴染树干时，为表现粗糙的质地，用颜色笔涂色后，用较干的清水笔把颜色拖开，使颜色有深浅不一的笔触效果（图3-27）。这种技法在印花分色上称燥笔法，也叫枯笔法。

（4）丝毛法：利用勾线笔，把人物或动物的毛发，根据一定的结构方向表现出来的技法。比如用这种技法画鸟，要根据鸟的圆形结构，由实到虚，层层穿插画出（图3-28）。这种技法在印花表现技法上对应撇丝法。

（5）撇丝法：是按照纹样的结构特点从部分平涂的面内延伸，撇出有粗细变化的线，一头较密集；一头较稀疏。要求笔路清晰，笔触之间不交叉（图3-29）。

三、写意技法

中国画的技法实际上可以理解为中国画家运用毛笔的方法，也就是因毛笔而产生的用笔、用墨的技法。其中，墨法包含了色彩的技法。在中国画的发展过程中，特别是到了元代以后，由于文人画家的介入，中国画的抒情意味越来越浓。中国画的笔墨含义，已不再是简单的技法问题，而成了中国画的代名词。在中国画的笔墨观中，渗透了中国画的神韵（图3-30）。

简单来说，中国画的笔法是由点、线、面组成的，而线条的运用是最重要的。墨法，就是利用水的作用，产生浓、淡、干、湿、深、浅不同的变化

（图3-31）。中国画书写线条的方法称为“用笔”，中国画用水墨的方法称为“用墨”。

1. 写意技法中的“笔法”

笔法是由行笔而形成的。行笔包括起笔、运笔、收笔三个部分。起笔和收笔逆入藏锋、自然含蓄，行笔要有力度。用笔要意在笔先，以意使笔才能以意成像，笔自动人之处在于有意趣。笔要有力度，即要“力透纸背”。其中，以中锋用笔最重要，它是笔法的骨。所以“用笔”就像古人练武一样，要全神贯注、凝神静气、以意领气、以气导力，气力由心而腰，由腰而臂，由臂而腕，由腕而指，由指而笔端纸上，于是便产生了具有节奏和韵律、奇趣横生的用笔。古人将用笔的特点总结为：平、圆、留、重、变。

例如用中锋、侧锋、顺锋、逆锋、藏锋、露锋等运笔而产生的线条效果（图3-32）。

（1）中锋运笔：笔杆垂直于纸面，行笔时锋尖处于墨线中心。中锋画出的线条挺劲爽利，多用于勾勒物体的轮廓。

（2）侧锋运笔：笔杆向纸面略有倾斜，且将笔锋和笔肚与纸面接触。侧锋运笔时，改变用力的快慢、轻重、方向，会产生变化丰富的效果。由于侧锋运笔使用的是毛笔笔锋的侧部，故表现出的线条较为粗壮。

（3）顺锋运笔：采用拖笔运行，画出的线条更显轻快流畅、灵秀活泼。

（4）逆锋运笔：与顺锋行笔方向相反，笔锋采用逆势。正用和倒用都可以逆行笔，绘出的点、线具有苍劲生辣的笔趣。

（5）藏锋运笔：笔锋要藏而不露，画出的线条沉着含蓄，力透纸背。

（6）露锋运笔：与藏锋的运笔方式相反，露锋以笔尖着纸，收笔时笔杆渐行渐提，故意露出笔锋，可使线条灵活而飘逸。

2. 写意技法中的“墨法”

中国画又称水墨画，墨在中国画中就是黑色。中国画古代“墨即是色”，指墨的浓淡变化就是色

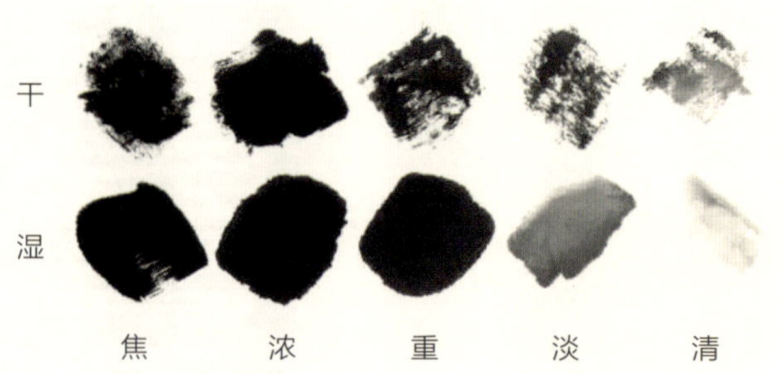

图3-31　墨的焦、浓、重、淡、清

图3-32　写意技法中的“笔法”

的层次变化，“墨分五彩”，指色彩缤纷可以用多层次的水墨色度代替之，分为焦、浓、重、淡、清（图3-33）。用墨的方法是为了体现绘画的丰富变化，“笔为骨，墨为肉”。所以墨法可以说是一种用水的方法。因为墨有新、旧、陈、变，又把墨质分为新、焦、宿、退、埃五种质。

由于墨色的不同处理，产生了墨的变化形象，可分为枯、干、润、湿、滴五种感觉。在笔墨中，笔法更强调内力，而墨讲求“活”和“变”。古人把用墨的种种变化归纳为：浓墨法、淡墨法、焦墨法、宿墨法、破墨法、积墨法、泼墨法。

墨法也就是七法的具体操作方法：先准备好墨

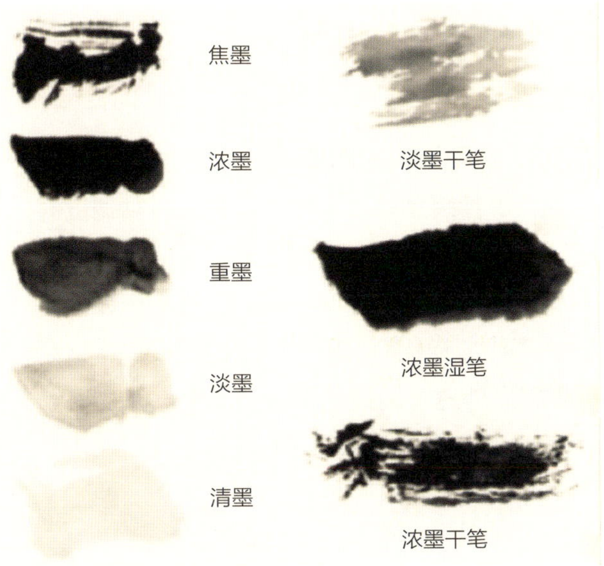

图 3-33 写意技法中的“墨法”

和水。都说“古人墨法，妙于用水”。所以墨法，离不开水的运用。

（1）浓墨法：运用浓墨，要浓而滋润、活脱。用笔头饱蘸浓墨后速画（图3-34）。

（2）淡墨法：有湿淡、干淡两种，湿淡是笔上先蘸清水，然后蘸少量浓墨，略加调和后速画（图3-35）。

（3）焦墨法：焦墨用法关键在于笔根仍需有一定水分，在运笔挤压中，使水分从焦墨中渗出，达到焦中蕴含滋润的效果（图3-36）。

（4）宿墨法：宿墨即隔宿之墨，墨法存放较久，水分蒸发而浓缩，墨色最黑，宿墨常用于最后一道墨，起画龙点睛之作用（图3-37）。

（5）破墨法：分浓破淡、淡破浓、干破湿、湿破干，还有水破墨、墨破水、墨破色、色破墨等多种变化。破墨法要注意在墨色将干未干时进行，以利用水分的自然渗化。用笔的方向也要注意变化，直笔以横笔渗破之，横笔以直笔渗破之（图3-38）。

（6）积墨法：用浓淡不同的墨，层层积染，称积墨。积墨法的特点是必须等前一遍墨色干后，再画第二遍，才能使画面墨色层次分明、浑厚滋润（图3-39）。

（7）泼墨法：有两种泼法，一种是墨水直接泼洒在纸上，为自然渗晕的墨迹；另一种是用笔泼墨法，就是用笔适当点画，这种泼法，便于控制（图3-40）。

墨由笔出，笔由墨现，“笔墨”是中国画的一个重要特点。有无笔墨，成为人们评价中国画优劣的一个重要标志。

图 3-34 浓墨法

图 3-35 淡墨法

图 3-36 焦墨法

图 3-37 宿墨法

图 3-38 破墨法

图 3-39 积墨法

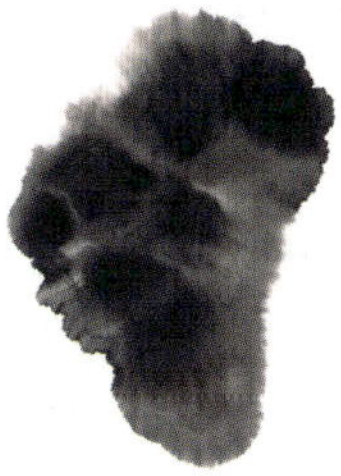

图 3-40 泼墨法

第二节　常规手绘技法

一、工具的选择

1. 水彩纸的选择（图 3-41）

（1）粗压纸：表面粗糙，容易产生肌理效果，吸水性好，是综合媒材创作的上好选择。

（2）冷压纸：介于粗压和热压之间，纸张表面纹理清晰，是水彩画家和插画家的最爱。

（3）热压纸：纸张平滑，表面带有丝绸感。适用于细节的刻画，是家纺图案绘制的首选。

纸张规格：300g、200g、120g等。

2. 水彩笔的选择

（1）中国毛笔（图3-42）：主要以狼毫和羊毫为主，其特点是吸水性强，适用于大面积晕染。笔尖锐利，适合于勾线以及细腻花卉的绘制。

（2）水彩画笔（图3-43）：以松鼠毛和貂毛为主，其特点是附着力强，笔头具有弹性，适合风景写生以及水彩绘画。

3. 水彩染料的选择

（1）管装颜料（图3-44）：颜料黏稠度高，有良好的色泽和透明度，适用于家纺图案绘制。

（2）块状颜料（图3-45）：属于干燥颜料，使用时需要加水湿润。其尺寸小，便于携带，是人们写生和户外速写的最佳选择。

4. 调色盘的选择（图 3-46）

可以选择专用调色盘、金属托盘、搪瓷托盘、医用托盘、餐用托盘、玻璃片等。

二、点线面

印花图案的表现手法和技巧不是一成不变的，而是随着工艺变革和新材料的发现、运用不断变化丰富的，通常可以概括为对点、线、面的不同处理方法。

图 3-41　水彩纸

图 3-42　中国毛笔

图 3-43　水彩画笔

图 3-44　管装颜料

图 3-45　块状颜料

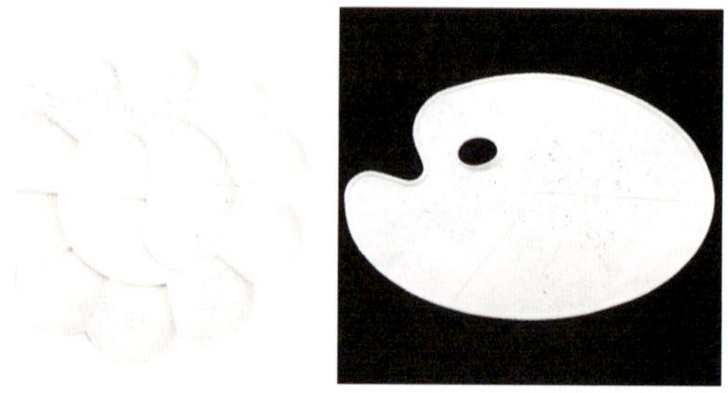

图 3-46　调色盘

1. 点的表现

点本身具有活跃、跳动的特性，在印花图案设计中可以单独造型，也可以作为线、面的辅助。点的大小、疏密、轻重等的变化，可以有效地表现对象质感和明暗、主次及虚实变化（图3-47），增加图案的表现力。特别是在套色受到限制的情况下，点的运用尤为重要。

（1）单点：“点”独立作为视觉形象存在，比通常所说的点要大，可单独运用，也可以组合运用，并可以有单色、复色、规则和不规则的变化。圆点在印花图案中运用最多，在画面上单独使用，起到静中求动、破平板、补空白及适当的点缀作用。

（2）集合点：指点的聚集、群化运用。印花图案中集合点的表现手法丰富多样，大体有以下几种形式：

❶ 泥地点。由细小且密集的点组合而成，可以作平面装饰效果的表达，也可以表现三维空间光影效果。可以有疏密、聚散、单色、多色的变化。泥地点可表现出较为细腻的形象、结构，以及过渡柔和的底纹。

❷ 丝泥点。把泥地点有条理地组织成丝条状，由密到疏顺势点成，主要用来表现花瓣的转折和结构上细微的起伏变化。

❸ 冰纹点。又称槟榔点，由不规则的、不相重叠的小几何形组成，这种小的几何形多为四至六边形。可以是平面的效果，也可以组成渐变的虚实变化。

（3）对艺术作品中点的借鉴：印花图案设计要不断丰富自身的表现手法，吸收不同艺术形式的表达方式为我所用。宋时范宽的《溪山行旅图》中山石的皴法成功地表现出北方山水的雄伟壮观，已成为山水画经典皴法。同是宋朝的“米家云山”也是以点为主要表现手法，是米家父子对南方景致特殊感受的表达。此外，值得一提的是徐渭在书画方面的杰出表现，他所作狂草《杜甫诗轴》，通篇文字笔画表达了强烈的点化倾向，

图3-47　点的表现

前无古人；而另一幅《墨葡萄图轴》，整幅全以大小不同的点构成，画中的枝叶、果实几不可辨，也不必辨，斑斑点点、湿笔饱墨都是作者一片愤激之情。近现代画家黄宾虹、潘天寿在画面中的用点都各有心得体会。印象派画家所用的点即兴、直觉成分较多，而点彩派则更理性。印花设计中，此类风格的图案在20世纪以来常常见到。另外，设计的本土化已是不容忽视的问题，设计者应注意自身知识结构的建构，加强对本民族文化传统，特别是中国书画的学习了解。

2. 线的表现

线是印花图案设计中重要的造型要素，也是塑造形象的有效表现形式。不同工具表现出的线有着不同的个性；同一种工具因操作时轻重、缓急、正侧、逆顺，加上干湿浓淡的变化，也可以得到不同特色的线的表达。另外，线还有曲折、长短、粗细、畅顺与滞留、光滑与粗糙等的变化（图3-48）。这使得线有着异常丰富多样的表现力，印花图案常规的线的表现有：

（1）造型线：纹样的结构、外形等完全由线来表达是印花图案中的常用技法。东西方对线的理解是不同的，虽然同样都是用线描的方式表达，但

图 3-48　线的表现

图 3-49　面的表现

各自体系的线所表现出的内涵和气质是极不相同的。比较而言，以中国书画为代表的东方用线要比西方的线条有着更多的变化和独立的审美趣味。

（2）**装饰线**：不强调线条本身的各种变化因素，通常表现为均匀、光挺、粗细适宜，且有较强的装饰性。如图案中的包边线，纹样的界路线等。民族图案佩兹利纹样主要是通过线条装饰性的组织来表现的。

（3）**撇丝线**：印花图案中常用的一种技法，适合于表现面的渐变，结构、光影的营造等。清朝画家恽南田笔下的菊花画法与此略有相近之处，如能从中得到一些笔法体会则可使撇丝技法少几分匠气。

（4）**对美术作品中线的借鉴**：中国书法被称作线的艺术，被公认为是线的表现艺术的杰出代表。历史上诸多书法家，为线的表现提供了极其多样的经典范例。在怀素、张旭、黄庭坚、徐渭、张瑞图、倪元璐等书家作品中，文字的识读似乎已显得不那么重要，甚至是多余的，其线条本身，有着极强的感染力和表现力，线就是全部，表达了作者所要表达的一切。与书法的线条相比，木版年画的线条有着更多的装饰性；而陈白阳、八大山人、蒲作英等的水墨线描作品，其各自气质流露的线条表现，反映出多姿多彩的中国画线描表现的丰富性。

3. 面的表现

面是印花图案中最基本的造型手法之一。可分为平涂面、虚实面和装饰面三大类（图3-49）。

（1）**平涂面**：均匀涂绘，无浓淡变化，视觉上表现为二次元的平面空间，效果较为单纯、简洁，如影绘法、界路留白法等。但一个立体的造型，也可通过多个块面的组合表达而得以实现。这种以块面表现立体造型的手法在印花图案设计中是较常见的。

（2）**虚实面**：在单色平涂的基础上，使图案的块面表现出由实到虚、由厚到薄、由浓到淡的变化，具体表现方法有：

❶ 泥点法。在单色平涂的基础上由密到疏以泥点衔接推移过渡，密处点子重叠，疏处颗粒分明，疏密过渡均匀。

❷ 燥笔法。也称枯笔法，用相对干且饱和的色笔迅速扫出虚实变化的枯笔效果。用笔要干脆，以不出现交叉的复笔为佳。

❸ 渲染法。把平涂的色块趁湿用清水笔接染出浓淡渐变的效果。

❹ 撇丝法。按纹样的结构特点从部分平涂的

面内延伸，撇出有粗细变化的线，一头较密集；另一头较稀疏。要求笔路清晰，笔触之间不交叉。根据笔触粗细排列疏密的不同又分为：粗撇丝——笔触与笔触的间距较疏，虚实的过渡较快，层次转换不太柔和，多用于小型花的表现；细撇丝——笔触与笔触间的排列较密，虚实过渡相对缓和，线条有起伏，有较强的表现力。

（3）**装饰面**：在平涂面的内部加入各种装饰元素来丰富单调的平面。在整体上取得简洁单纯效果的同时，细部也有比较细致耐看的一面。民间剪纸常采用花中套花这种装饰面的表现手法。

（4）**东西方对面的表现手法的借鉴**：在面的理解和运用上，东西方也表现出较大的差异，东方习惯表达对象阴阳向背的关系，而西方则习惯以块面的涂抹作光影立体的表现。东方艺术的典型代表中国画中有关面的表现：徐渭的墨牡丹，在面的运用上注重用笔及墨色浓淡变化，画面的表达是物象与意象的高度统一。山水画中的斧劈皴、披麻皴注重山体、石块阴阳向背关系的交代。宋人作品对虞美人当阳、斜侧、背向三花头的渲染，对对象本身层次凹凸转折处精微刻画；而在塞尚眼里，各种物体都只是不同的基本形体的组合，马蒂斯的画面强调平面的装饰效果和笔触自由随意、轻松的表现，较明显地受到了东方艺术的启发。传统民间艺术中尚有各类表现手法和表现形式值得关注，如剪纸装饰性的面的处理，无锡纸马色块的极其率意的表现，画像石拓片的黑白反差和虚实变化等。

4. 点、线、面的组合

印花图案大多数是点、线、面的综合表达。在点线面的组合构成中，一般以其中的一两个元素为主导，再辅以其他，切不可平均对待，使画面没有主次之分，而显杂乱（图3-50）。

三、撇丝技法

1. 撇丝技法

采用毛笔敷色之后，将笔锋撇开，形成间隔、

图 3-50 点线面的综合表现

长短等不规则的排线，就是撇丝技法。它是以工整细致、均匀如丝、有疏有密的线条，表现形象的明暗、起伏等体与面的变化，呈现整齐、精巧而富于变化的效果。撇丝技法用丝的方法起伏转折，要依据形象的结构规律和明暗变化而变化，既要灵活，又不能散乱。撇丝宜用干笔梢，达到用线由实渐虚的效果。既可以用同种色，表现不同的深浅层次，也可用类似色表现丰富的色彩感和层次感。

2. 绘制的一般步骤（图 3-51）

撇丝的具体方法是用干笔梢，蘸上所需的颜色后，把笔梢按扁，使笔梢部的笔毛均匀、精细地分开，像一把小梭子，然后在画面上梭着运行。运笔时，线的轻重、方向、转折变化应根据物象的形态和生长规律进行，轻重过渡要均匀，线条方向不能纵横交叉，转折不能太突然，要柔顺，同一花型中可以用不同颜色进行撇丝，以求得丰富的明暗层次感。

四、晕染技法

1. 晕染法

晕染法是吸取中国工笔画技法演变而来的一种手绘技法。采用两支毛笔交替进行：一支敷色，一支蘸清水，由深至浅均匀染色。这种技法还可以用于时装画中的人物、有光泽的面料、薄料等。

晕染的表现方法是将各种颜色由深到浅，由浓

步骤1

步骤2

步骤3

步骤4

步骤5

步骤6

图 3-51　撇丝法绘制的一般步骤

到淡渐次染出。其主要是运用色彩的渐变，使图案的花纹有起伏及丰富的层次。

晕染首先要掌握花卉的结构和明暗，可先在着色的形体上涂一层底色，或用水分使其滋润，然后在暗部涂上深色，用清水笔进行洗染，使色彩产生浓淡深浅的变化。

2. **晕染的常见技法分类**（图 3-52）

（1）**渐变**：湿底比干底多一个步骤，即水彩纸预先刷一遍清水。干底的效果边缘整齐明确，但干得很快就不易修改。湿底的边缘则会产生漂亮的水花。湿底除平涂还有点染（用笔尖点一点），一般花瓣上底色时用，有留白，效果非常自然（图3-53）。

（2）**接色**：接色时，干底和湿底颜色效果不一样。湿底的更加柔和，且有机会修改。

注意颜色蘸饱些，这样两个颜色的交界处会自

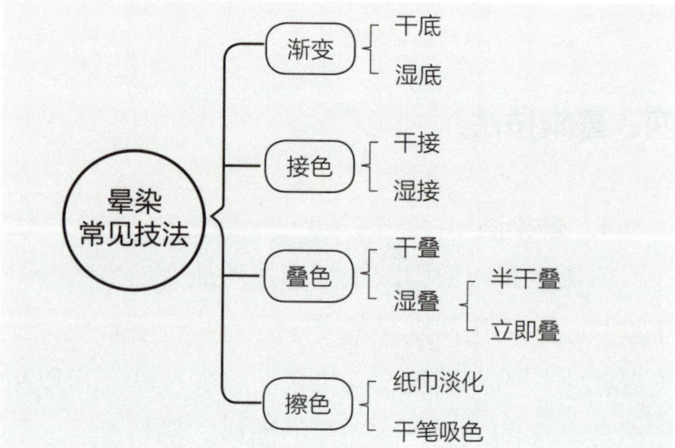

图 3-52　晕染的技法分类

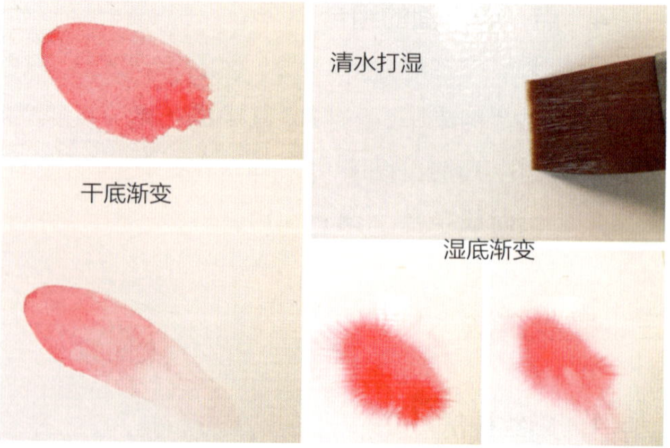

图 3-53　晕染的干湿底渐变

然融合非常好看，如图3-54所示，右下角为干后的样子。画花瓣、叶子都会用两种颜色相接，以免颜色过于单调。

（3）**叠色**：干叠是先画一层底色，干透了再加一层颜色。叶子、花瓣加强暗部都会用到。

湿叠分半干叠和立即叠。柠檬黄和大红色，叠色以后变橙红色。加深暗部、阴影时常用（图3-55）。

（4）**擦色**：把纸巾揉成小团，可以根据情况淡化局部或以点点的方式吸色做纹理。

干笔吸色，画叶子常用到，趁绿色未干，用九成干的干净笔反复洗掉叶脉处的颜色（图3-56）。

3. 晕染绘制的一般步骤

晕染绘制的一般步骤见图3-57。

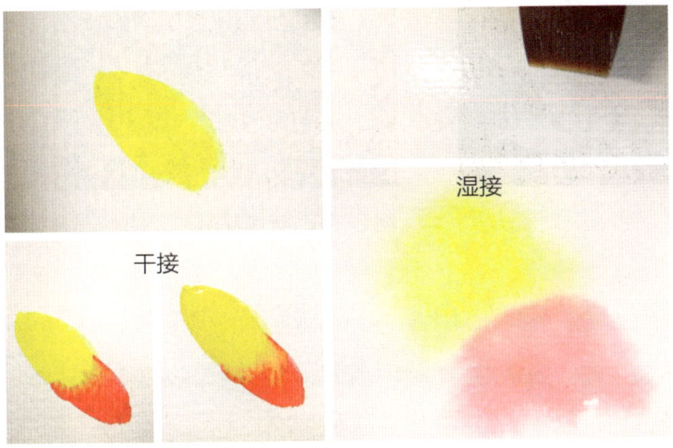

图3-54　晕染的干接色和湿接色

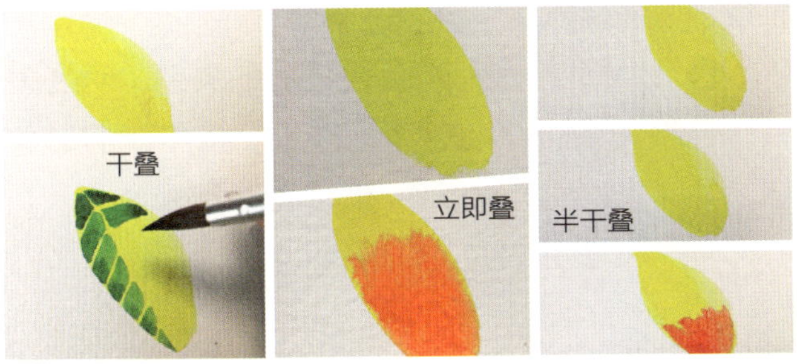

图3-55　晕染的干叠色和湿叠色

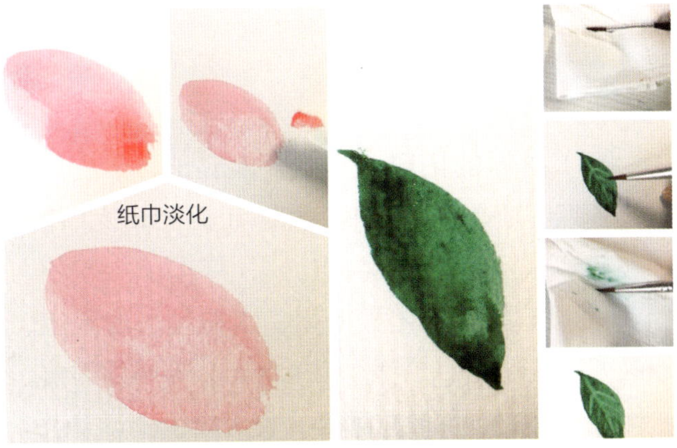

图3-56　晕染的干擦色技法

图3-57　晕染绘制的一般步骤

图 3-58　勾线平涂

图 3-59　平涂装饰效果

图 3-60　无线平涂

五、平涂技法

块面平涂法

块面平涂法是平均将颜色涂于画面，是只用一种混合的颜色或者单色画一个区域，其特点为单纯明快，富有装饰性，颜料多采用具有一定覆盖力的水粉颜料。

平涂法有两种：一是勾线平涂；二是无线平涂（也称没骨平涂）。

❶ 勾线平涂是平涂与线结合的一种方法，即在色块的外围，用线进行勾勒、组织形象，这是勾线平涂最常用的方法。勾线的工具可以多种多样，勾线的色彩，也可根据需要变化（图3-58）。勾线平涂易获得装饰性效果，可根据需要适当留飞白，产生一种光感。色块之上，还可以叠加如点、线等装饰，增强装饰性（图3-59）。

❷ 无线平涂是利用色块之间的关系（明度关系、色相关系、纯度关系）产生一种整体的形象感，并不依靠线组织形象（图3-60）。

第三节　特殊表现技法

一、特殊表现技法的拓展

在印花图案设计中，随着转移印花、数码喷绘的出现和发展，使得印花图案的表现手法受工艺上的限制越来越少。为了视觉效果的需要，采用一定手法，制作一些特殊的肌理来丰富画面是非常必要的。常用手法有：刮刻法、摩擦法、流彩法、喷洒法、撒盐法、拓印法、熏炙法、渍染法、折皱法、油彩吸附法等（图3-61）。

（1）材料的拓展：宣纸、水彩纸、牛皮纸、工艺卡纸等质感肌理各不相同，油画、水彩、中国画颜料等材质也各有其特点。

（2）工具的变化：毛笔、水粉笔、油画笔、油画刀、色粉笔、蜡笔、铅笔等，只要画面需要，一切能想到的可用之物都是表现工具。

（3）表现方法综合：将各种常见的手法进行

图 3-61　特殊肌理技法

简单组合，便可以得到丰富的画面效果。如干画和湿画的对比、国画和西画的综合运用、写实和装饰并置、手绘和材质表现的结合、绘画与拓印组合等，相同的材质不同的工具、相同的工具不同的材质等。

二、典型的特殊表现技法

（1）**刮刻法**：这是利用某种硬物、尖状物或刀状物，刮刻画面，使其产生一种特殊效果的方法（图3-62）。如对裘皮质感的处理或表现，常常采用尖状物，沿裘皮纹理适当刮划，能表现出裘皮的蓬松、真实感。由于刮刻法对纸张有损害，运用此法时，需考虑刮刻的深度与纸张的质地、厚度，避免划破纸张。

（2）**摩擦法**：用枯笔、海绵、橡皮、布等带有阻力的、粗糙的材料，敷上少许颜料，摩擦画面，或用砂纸、牙刷等工具摩擦画面，由此而产生较为朦胧、陈旧的某种痕迹效果，此法称为摩擦法（图3-63）。有时还会将刮刻法和摩擦法相结合，营造出复古、怀旧的艺术效果，以表达人们返璞归真的情怀。

（3）**流彩法**：首先用适量的清水打湿需要处理的部分，然后用含有适量水分的颜色置于其中，小心翻动画面，使色彩流动至满意为止，干后即可达到具有流动感的画面效果（图3-64）。如果用沾满水的画笔接触刚涂好的颜料或者滴水在刚涂完的颜料上，就会形成流彩。流彩也可以由水彩纸边缘处颜料的色滴形成。此方法是利用颜料的流动性达到表现的目的。

（4）**喷洒法**：包括两种方法：一种为喷绘法；另一种为洒色法。

❶ 喷绘法。是以喷笔等喷绘工具为主的绘制方法。由于喷绘工具绘制的色彩细腻、均匀，所以它不仅可以绘制出具有写实风格的时装画，且能使画面达到一种神秘效果。喷绘法除使用专业的喷绘工具外，还可以利用刷子等工具达到类似的处理效果，采用遮挡方法，可以喷绘出清晰的边缘（图3-65）。喷绘法可以结合勾线法，使画面更为生

图 3-62　刮刻法

图 3-63　摩擦法

图 3-64　流彩法

动。当然，喷绘工具用于时装画需要一定的时间，在对此工具的特性未达到娴熟掌握时，也可能产生相反的效果。

❷ 洒色法。是将色彩洒在画面上的一种方法。它以毛笔、海绵等工具吸附颜色并洒在画面所需之处，以达到一种不规则的点状的肌理效果（图3-66）。

（5）撒盐法：大家比较熟悉的一种水彩特殊技法。当颜料未完全干时，撒上盐粒，使得盐与水和颜料发生化学反应，通过食盐颗粒吸收周围的颜料，产生特殊肌理效果（图3-67）。

（6）拓印法：将凹凸立体感的物体或模具蘸取颜料，然后将其转压印到纸上产生的特殊肌理效果。

例如，将树叶、绳子、海绵、布等材料形成一定的形状，敷上颜料之后，用于画中，可形成一定的肌理效果（图3-68）。也可以预备纸或塑料材料制成的某种所需形状，再用拓印法，形成某种所需形状的特殊肌理效果。

（7）熏炙法：使用火焰熏烧，产生的质感非常特别（图3-69）。

（8）渍染法：利用油性颜料（油画棒、蜡笔、油性马克笔等）与水性颜料（水粉色、水彩色、水性铅笔等）相互不融的特性，以一种颜料作纹理，另一种颜料附着其上，由此产生两种颜料的分离。此法多用于深底浅色面料的处理，如蓝印花布、蜡染面料以及镂空面料等（图3-70）。

（9）折皱法：将画面按所需揉、折成皱，再敷上色彩作画，产生一种肌理效果，称为折皱法。此法用于特殊的面料和背景肌理效果的表现。例如，将保鲜膜包在湿的水彩涂层上，会使颜料移动并聚集在保鲜膜的褶皱处。不要碰保鲜膜盖住的画纸，让其自然晾干，就会得到有趣的几何图形肌理（图3-71）。

（10）油彩吸附法：预先在水面、镜面（需用油性颜料）等光滑的材料表面将颜料作好流动的色彩肌理，让它在水面、镜面慢慢扩散，然后加入新的颜色，以此类推，将空白画纸附在水面上，水面、镜面的肌理效果就被复制在纸张上，最后进行剪辑处理（图3-72）。

图 3-65　喷绘法

图 3-66　洒色法

图 3-67　撒盐法

图 3-68　拓印法

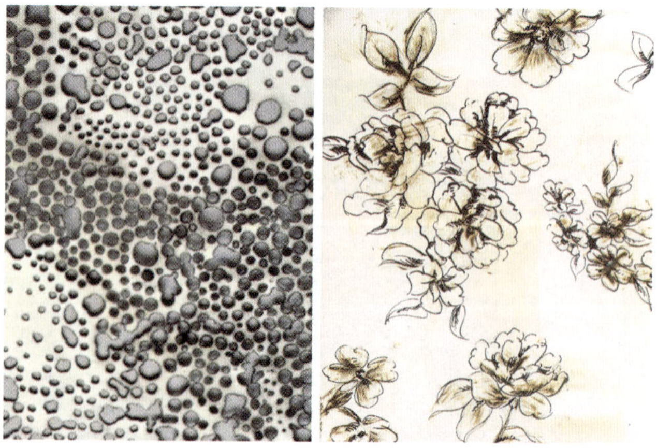

图 3-69　熏炙法

图 3-70　渍染法

图 3-71　折皱法

图 3-72　油彩吸附法

思考题

1　中国传统中国画的手绘技法有哪些？分别有什么艺术特点？

2　我们用来表现印花图案的常规手绘技法有哪些？分别有什么艺术特点？

3　我们在进行印花图案设计时应该怎样综合运用不同的特殊表现技法呢？

备注：电脑软件技法及设计流程请观看中国大学MOOC在线课程视频。

第四章
印花图案设计应用

学习目标

【知识目标】分析不同面料、不同工艺、不同风格、不同领域适用性印花产品的特点。

【能力目标】掌握服装、服饰、家居、家纺以及文创产品印花的配套方法和技巧。

【素质目标】培养鉴别印花工艺与其他工艺、服装搭配及整体家居软装搭配的综合素养。

教学过程

阶段			教学过程
序号	任务实施步骤		任务具体分解
1	资讯	接受任务 ↓ 收集资料 ↓ 市场调研 ↓	• 学习准备（采用线上线下混合式教学，教师讲解专业知识要点，提供所需学习资料）
2	计划		• 布置服装/家居/文创图案配套设计工作任务（根据工作室当季设计任务要求，结合学习情境布置说明相关实际任务） • 制订工作计划（教师参与学生小组工作分工，落实具体任务）
3	决策	设计构思 ↓ 配套设计 ↓	• 查阅搜集相关资料，制订服装/家居图案配套设计方案（由学生组成学习小组，分组进行） • 主题风格确定→初稿设计→主图案设计→配套图案设计→效果模拟
4	实施		
5	检查	设计分析 ↓ 整体评审	• 对服装/家居/文创图案配套设计方案进行展示，小组派代表分析 • 对各组服装/家居/文创图案配套设计方案进行总结分析（针对方案演示，进行专题讨论，学生主讲，工作室导师与专任教师共同引导） • 对服装/家居/文创图案配套设计方案进行修改，并完成最终设计效果图及画册合辑（学生课后完成） • 对设计方案进行小组互评+教师评价，填写情境考核表等
6	评估		

【设计任务】

项目任务十一	服装服饰图案配套设计	课时	8课时
工作任务内容	女装衣料配套图案系列设计	地点	专业教室
任务提交要求	1. 以花卉、几何或者传统纹样为主题，写实或装饰手法均可 2. 作品尺寸：66cm×宽不限，5套色左右，模拟衣料配套图案的服用效果图		
项目任务十二	家居家纺图案配套设计	课时	16课时
工作任务内容	客厅/卧室纺织品图案配套设计	地点	专业教室
任务提交要求	1. 以花卉、几何或者传统纹样为主题，写实或装饰手法均可 2. 作品尺寸：64cm×宽不限，10套色左右，模拟客厅/卧室空间效果图 3. 纺织品之间的图案、色彩、构图需有相互的关联配套性，整体软装具有空间感		
项目任务十三	系列文创产品图案设计	课时	8课时
工作任务内容	博物馆文创产品系列图案设计	地点	专业教室
任务提交要求	以博物馆为主题，进行单独、适合、连续的图案设计，模拟系列文创产品		

【相关知识】

第一节　不同类别产品印花图案配套

一、服装服饰的印花图案配套

在现代社会，衣服已经不仅是衣服，它不只是为了御寒或彰显美丽，而是代表着你愿意展现给他人的印象。俗话说得好："气场不够，衣服来凑。"着装要求各个部分相互呼应，精心搭配，特别是要遵守服装本身及与服饰之间约定俗成的搭配，在整体上尽可能做到完美、和谐，体现着装的整体之美。那么对于印花服装服饰应该如何搭配呢？

1. 服装印花图案配套设计

这是指设计师按特定的构思意图，为相同或不同的服装面料设计具有内在联系的可相互配套的图案花色。配套设计的印花服饰能使穿着者获得统一协调又有变化的服用审美效果。

2. 印花服饰配套图案的审美心理

当我们审视周围的空间时，总希望环境的层次富有变化，又展示一种规律的秩序美。在环境中活动的人，无论是单人、双人还是群体，他们的服饰同样也遵循着变化统一的审美规律：对比又和谐，形成相得益彰的整体视觉审美效果。服饰配套图案就是为了满足这种审美需要而发展起来的，就目前国内服饰配套图案的消费情况，主要存在以下几方面的审美心理：

❶ 追求展现个人风采的审美心理。体现自己爱好的自满、自足与自信。

❷ 追求标新立异，表现个性的审美心理。以独特的配套形式强化自身，引人注目，主要是都市时尚群体。

❸ 追求与众不同，独一无二的审美心理。主要是都市打扮前卫的群体，他们具有强烈的显示自身审美欲望与审美价值的意识。

❹ 追求和平美满，亲密和睦的人际关系的审美心理。讲究既有变化又有秩序的视觉美，形成较强的视觉注目性。

❺ 追求一种时尚审美新认识的荣誉心理。

3. 印花服饰配套图案

这是服饰搭配的一个方面，一般指质地、品种、花色的配套。其中包括两层含义：广义上是指给服装准备齐全的一整套各色各样的面料。"套"是指有联系的一整套、齐全无缺，"配"是配档、配合、搭配、补充、备齐的意思。配套在此是指配套成龙，以求全面齐备的含义。狭义上是指服饰某方面的配备齐全，如品种齐全、原料质地齐全、花色齐全等。

4. 印花服饰图案配套的形式

印花服饰图案配套是服装面料狭义配套之一，要求图案花色具有关联的整套配合。表现在两个方面：一方面是指某类品种的各类花色丰富多彩；另一方面是指品种质料可以千变万化，但图案花色须有关联的配对、配伍、配成系形。现在服饰图案配套更多的是不同面料的服装在图案花色上配成有密切联系的一对、一整套、一个系列。服饰图案配套的特征表现如下：

（1）单人服装的"自身"配套：即给服装的上下、内外，以及衣服与配件进行图案的配套设计。例如服装和服饰的图案形成了相同工艺和风格的配套形式（图4-1）。在展现个性风采与气质上具有较强的服饰效果。

（2）双人服装的配套：即给二人穿着的一对服装在内外、上下，服装与配件方面，进行交叉组合、交相呼应的图案花色的配套设计。如母子（图4-2）、父子、情侣、闺密（图4-3）的配套服装。例如，情侣男女装系列服装（图4-4）在不改变服装颜色、图案、面料、工艺等的情况下，而在服装设计

图 4-1　单人服装配套

图 4-2　母子装

图 4-3　闺密装

图 4-4　情侣装

图 4-5　三人及以上的服装搭配

图 4-6　花型不变的配套

中将使用图案的面积、方位、工艺形成对比，表达了亲昵、密切互相关系与良好服用关联的视觉效果。

（3）系列服装的配套：指给三人以上的一组服装的配套。如图4-5所示系列配套服装在图案、色彩要素的基础上，采用多种组合的搭配方法，达到整体服饰的统一。系列配套的服装具有较强的视觉冲击力，能展现一种亲切美好的群体关系。

5. 印花服装服饰图案的配套组合方法

❶ 图案花型不变，变大小、多少、疏密；变色彩、装饰部位；变排列、表现技法、品种肌理与工艺。这是常用的服饰配套图案的组合方法，具有变化但又有较强的配套统一感（图4-6）。

❷ 色彩不变、排列不变，变花型（但求类似、相似）、变大小疏密、变品种质地与工艺；变服装款式、装饰部位。但如果处理不当，则难以形成配套的联系（图4-7）。

图 4-7　色彩不变、排列不变的配套

图 4-8　色彩不变、花型不变的配套

❸ 色彩不变、花型不变，变大小、排列、技法，变品种肌理，变服装款式、装饰部位，变工艺。运用可变因素能组合富有统一变化的系列面料的配套设计（图4-8）。

6. 印花服饰图案配套的设计要点

❶ 服饰图案配套设计的关键因素是花型、色彩与排列组织，相关因素有大小、多少、疏密、品种、质地、款式与装饰部位及印制工艺等。

❷ 服饰图案配套设计，主要由关键因素决定。关键因素变化越小，套感越强，但变化不够丰富；关键因素变化越大，虽变化多样但难统一成套。

❸ 最好的配套设计方法，在于保持基本图案花型不变而改变其他因素。

❹ 当关键因素不变时，除了相关因素可变外，还可加入少量新的关系因素。配套图案设计常从一个图案开始，再发展成套。

随着时代的变迁，印花服饰图案的设计也变得更加新潮，服饰搭配自然而然也成了一种文化，印花服装图案配套的重要性也在不断上升。当然，与图案搭配相关的纬度还包括年龄、性别、场合、风格、心情等，服饰搭配的适合不适合也就成了一门学问，只有专心对待生活和学习，不以物喜不以己悲，随时保持良好的着装与精神风貌，才能拥有更加精彩的人生。

二、家居家纺的印花图案配套

随着人们经济水平与审美要求的提高，“大家居”理念越来越深入人心，室内纺织品印花图案的配套设计逐渐成为体现家居家纺产品艺术性与实用性的一个明显特征和发展趋势。

那么，什么是室内纺织装饰品配套设计呢？

1. 室内纺织装饰品配套设计

这是指在整体环境统一的装饰基调制约下，运用相应与之配套的艺术手段，使室内纺织装饰品形成某种特定风格的空间艺术表达形式，是室内空间环境的再创造。从广义上讲，配套设计包含室内陈设的所有纺织品之间的统一关系；从狭义上讲，指室内某功能区域内各类纺织品之间的配套协调关系。

2. 室内纺织装饰品配套设计的特点

（1）功能性、舒适性：在当代由各种金属、水泥、玻璃与各式电器设备等无机材料包围的环境空间中，室内纺织配套产品是创造一个人性化软装饰环境的必要手段，能为人们提供一个舒适温馨的工作、休息场所。

（2）丰富性、多样性：室内纺织装饰配套产品不仅形式丰富而且品类多样。从宾馆民居、娱乐环境到运输空间都有纺织品装饰。室内纺织装饰品又因不同环境空间的功能需求，延伸出丰富多样的品类，并各自发挥着不同的作用。

（3）灵活性、可控性：现代室内设计的趋势是创造流动的、具有可变性的空间环境，室内纺织品随物体灵活变异的特性满足了这种需求。它们在空间或挂叠，或铺罩，或垫靠，表现出较强的可控性与丰富的空间装饰效应。

（4）统一性、整体性：室内设计中，家居的空间处理、采光布局与色调选择三方面是室内纺织装饰品设计与应用的基础，也是体现统一性与整体性装饰的重要环节。

室内设计的整体性包含着诸多设计因素的统一。就室内纺织品装饰而言，要求设计师在把握各类纺织品的组合关系时，既要发挥每件织物的优势，又要统一其形、色、光、质的整体性，体现特定的装饰风格。

3. 纺织品配套设计的协调因素关系

（1）纺织品印花图案造型与装饰风格的协调统一：不同的装饰风格，要有特定象征指意的图案来表现，所以设计室内纺织装饰配套产品，需首先确定与之相应的装饰母题（即图案基本形），在此基础上，作简或繁的图案群化处理，使之丰富，变化而统一，形成一个能统帅装饰全局的主要形态、主干结构与主体纹样（图4-9）。当这种群化了的装饰图案，在色彩与形式上作相应的表现反复出现时，即形成了协调统一的装饰风格。

（2）纺织品印花图案构成与空间装饰的协调统一：纺织品图案的构成要满足不同室内装饰功能的需求，恰到好处地达到空间装饰效果。在确定了一个环境的装饰母题后，即可在装饰排列上进行变化：或聚散，或织横，或虚实，通过形的渐大渐小、递增递减、渐强渐弱的不同排列，产生连续渐变、起伏交错的各种韵律，构成变化又不失统一的装饰效应，表现出整体一贯的气势。

（3）纺织品主色调与整体空间的协调统一：主色调是整体设计中色彩运用所形成的主要倾向。在主色调的统帅下，基于造型系列化及装饰面积的需要，变化成几组类似色与对比色的不同组合，使各类纺织品色彩在色相、明度、纯度上变化、反复和呼应，形成强弱、起伏、层次、轻重等空间韵律，最终在空间混合中达到统一（图4-10）。

（4）纺织品图案造型与空间比例的协调统一：纺织品图案造型的大小，要符合不同形态的空间装饰要求。图案面积大且对比强的造型适宜表现较大空间的主要形态；而相应配套的小花型则能丰富空间装饰的层次与序列（图4-11）。

（5）纺织品图案与依附物体的协调统一：纺织品图案装饰于室内不同功能的物体，图案的表现要求虚实相生、疏密得体，过于集中易乱，过于松散不紧凑。

（6）纺织品的材质搭配与空间的协调统一：灵活搭配各种纺织品之间肌理的对比，能达到事半功倍的装饰效果（图4-12）。

室内纺织装饰品品类繁多，根据不同的装饰要求与使用习惯，它的组合与消费形式一般分为三类：第一类是成套纺织品。即由室内各类纺织品品种构成的大宗配套产品。它具有较强的完整统一性，属于室内纺织装饰品中的高档配套形式；第二类是成组纺织品。即由同类产品中选择若干产品配套的形式，它们具有使用习惯连续性的特点，为目前民众普遍欢迎的室内纺织装饰品消费形式；第三类是单件纺织品。即以单件产品或面料的形式进入市场的产品。

随着人们经济水平与审美要求的提高，室内纺织装饰品整体配套的艺术性与实用性，已成为流行的趋势。纺织装饰配套产品一经在室内挂起、展

图4-9　花卉母题的配套

图4-10　主色调的配套

图4-11　图案造型的配套

图4-12　材质搭配的配套

图 4-13　花型配套法

图 4-14　绿色色彩配套案例

开、覆盖之后，其丰富的色彩、造型、肌理的装饰性与无与伦比的亲和性所引发的空间视觉感应，随即温馨了冷漠的建筑空间，生成一种浓厚的人文意境氛围。那么，室内印花纺织品配套设计方法有哪些呢？

4．纺织品印花图案配套设计方法

在图案设计中，单位花回的纹样设计（包括花型和色彩两个方面）作为主导花型，也称主版花型，是进行纹样配套设计的主要依据。图案的配套设计是围绕着主版花型展开的一系列搭配设计，是纹样配套设计中常用的主要方法。

（1）花型配套法：采用相同或者相似花型进行配套的方法叫作花型配套法。花型配套法是选择相同材料织物、相同图案进行配套装饰，从视觉、触感以及纺织品的形态上均呈高度统一的效果（图4-13）。当然也可以通过改变花型的大小、疏密、多少、虚实及排列布局来实现和谐的配套效果。总之，选用同一图案、同一质地、不同排列方式的装饰纺织品，其相同的基本形装饰随着室内物件的形态而变化，或连续成条状，或聚集成块面，或放射成点状，以相同材质、相同图案的配套形式，营造和谐、序列而又动感的空间形式美。

（2）色彩配套法：以不同图案造型，形成对比装饰因素，用色彩统一视觉美的配套设计形式叫作色彩配套法。选择相同和相近的色彩作为统一的色调（图4-14），在图案题材、风格等方面选择变化中求统一的配套方法。色彩配套法以主版花型的主体色彩为基础，结合配套的设计需求和不同的使用功能，对配套系列中的不同部分的色彩进行统筹处理，形成主色与辅色的合理搭配与对比关系（图4-15）。配套设计要把握纹样色彩的整体倾向，注意色彩效果的主次、层次、节奏变化的协调与统一。

（3）主、辅版配套法：是根据设计的主版花型，搭配点版、条纹版和单色版，点版和条纹版的大小、宽窄、色彩都要与主版纹样相协调，从而形成一套完整的纹样设计。点版、条纹版和单色版在款式的整体设计中，结合使用功能与效果用在款式的不同部位（图4-16）。任何不同形式的纹样配套设计，任何不同纹样形式和效果的搭配使用，都要充分考虑纹样整体色彩效果的协调与统一。作为辅版出现的任何形式，都应以主导纹样及色彩为设计变化的基础，以衬托和突出主体纹样为目的（图4-17）。

图 4-15　蓝色色彩配套案例

图 4-16　主版花卉、辅版条纹的配套案例

图 4-17　以主版纹样及色彩为基础的配套案例

图 4-18　田园风格配套案例

（4）**风格配套法：**图案的花型、色彩、肌理等都不一样，但在风格上寻求一致性，也可以营造和谐统一的配套效果，这种方法就是风格配套法（图4-18）。风格配套指根据不同装饰风格、装饰主题而联想延伸的装饰形式，用室内纺织品的形、材、质、色进行全方位风格配套的艺术创造手段（图4-19）。

总之要灵活运用以上几种配套方法，遵循变化统一的整体原则，最终实现“统一中求变化、变化中求统一”的艺术效果。家居家纺类印花产品图案的配套设计为面料的二次设计拓展了有效空间，也为产品的系列化设计提供了便利，只有综合运用不同的配套方法，才能营造出灵活多变的室内纺织品搭配效果，真正实现“大家纺”甚至是“大家居”的装饰效果和艺术风格。

三、文创产品的印花图案配套

1. 文创产品

文创产品顾名思义是文化创意产品，是指依靠创意人的智慧、技能、天赋和文化积淀，对文化资源、文化用品进行创造与提升，通过知识产权的开发和运用，借助于现代科技手段，而产出的高附加值产品。

图 4-19　热带风格配套案例

图 4-20　文化旅游纪念品

图 4-21　家居日用品

图 4-22　八卦系列文创产品

文创产品就是创意价值的产品化，各种艺术品、文化旅游纪念品（图4-20）、办公用品、家居日用品（图4-21）、科技日用品的造型设计等都可能成为文创产品（图4-22）。比如书法、国画和油画等，本身就是一种艺术表现形式，有着其自身的艺术价值，当然也属于文创产品的一种。文创产品还包括手工类产品，如编织、刺绣、软陶、雕塑、黏土、布艺、陶艺、创意DIY等。这些也是文创产品的主要表现形式，通过创意让产品变得独特，才是文创的魅力。

那么如何设计具有中国魅力和特色的文创产品呢？

① 回归中国的传统文化，向古典文明寻求创新的源泉。

② 着眼于中国人的使用习惯和思维习惯。

③ 使用中国人特有的文化符号。

当然，首先是学习传统，深刻理解传统。文创设计追求的不仅仅是造型和美感，其背后需要承载一个故事。设计师需要把故事的能量通过自身的认知灌输到产品当中，这样消费者才会被打动。如果没有打动，文创产品是很容易沦为地摊货的。比如与博物馆合作研发产品，就要讲述博物馆的历史和故事；同美术馆合作设计文创产品，就要传达艺术家的美学理念。这些产品的设计必须配一个产品说明卡，告诉消费者这个产品是怎么来的，消费者在看过景点或展览之后，对你的故事有了认同，才会愿意购买。从这个意义上理解，消费者购买的不仅是一件物品，而是一个故事。

2. 文创产品设计分为两大类

文创产品设计分为两大类：一是文创生活类用品，比如日用工艺品、依靠品牌运作的创意商品（图4-23）等；二是带有明显属地性质的文创

图 4-23　文创生活类用品

图 4-24　属地性质的文创产品

图 4-25　高仿类工艺品

图 4-26　创意衍生品

图 4-27　卡通化产品

图 4-28　唐妞

产品，比如与博物馆、美术馆、景区合作研发的产品（图4-24）。无论是哪一类，设计的价值就在于透过创意，发挥出物品本身价值之外的艺术性。

文创衍生品可以分成三大类：

❶ 高仿类产品，需要的是工艺和技术，而非创意（图4-25）。

❷ 通过创意衍生出来的产品，寄托了文化情怀（图4-26）。

❸ 根据市场重新创作而来的产品，比如很萌、很“Q”的卡通化形象（图4-27）。

陕西历史博物馆配套的文创产品“唐妞”，此套设计保留了仕女造型，设计出了可爱的唐妞，让古风文化走进日常，胖嘟嘟的仕女真的是可爱极了（图4-28），涉及的系列文创产品有：靠垫、书

图 4-29　“唐妞”系列文创产品

图 4-30　敦煌研究院系列文创产品

签、包装袋、钥匙扣（图4-29）等。

甘肃省敦煌研究院配套的文创产品，此套设计的花色种类达60多种，印花图案浓缩了敦煌文化的精华，如：九色鹿、飞天、藻井、乐器、花卉等，简直美不胜收。以文创产品为载体，本着艺术生活化，生活艺术化的设计理念，运用我国非物质文化遗产的精良工艺与数码印花工艺结合的方式，设计开发了系列旅游商品（图4-30）。

第二节　不同面料和工艺的印花产品

一、天丝面料的印花产品

家纺专卖店有形形色色的面料，手感肌理不同，产品的风格也各异，它们各是什么面料？不同的面料该如何进行印花设计呢？

炎炎夏日，骄阳似火，酷热难耐，此刻多么希望有一套透气清凉又舒适的床品，有这样的夏季家纺面料吗？适合夏季的面料主要有天丝、麻、木代尔、真丝等，天丝面料是夏季最常见，性价比最好的面料。同时，天丝面料的印花设计也比较特殊，具有典型性，可以说是夏季床品面料的宠儿。

1. 天丝面料

如图4-31所示，天丝面料是以针叶树为主的木浆、水和溶剂氧化胺混合，加热至完全溶解，在溶解过程中不会产生任何衍生物和化学作用，经除杂而直接纺丝，其分子结构是简单的碳水化合物。天丝纤维在泥土中能完全分解，对环境无污染。另外，对人体完全无害，几乎能完全回收，可反复使用，无副产物，无废弃物排出厂外，是环保绿色纤维。

天丝的特点是具有比真丝更柔软的触感，比棉更好的吸湿性，轻薄易洗、易干，其良好的抑菌性，能有效减少细菌再生，良好的水洗尺寸稳定性，水洗缩水率小，色泽亮丽明快、是天然的丝光面料。它有棉的“舒适性”、涤纶的“强度”、毛织物的“豪华美感”和真丝的“柔软垂坠”。无论在干或湿的状态下，均极具韧性。在湿的状态下，它是一种湿强力远胜于棉的纤维素纤维。百分之百纯天然材料，加上环保的制造流程，堪称21世纪的绿色纤维。

在从事印花艺术设计时，不能根据个人喜好来判断一款床品设计的好不好看，真正的印花设计师是根据面料的特点设计符合面料性能的图案，如果图案风格能完美体现面料的风格，那才是一款成功的印花设计。

天丝面料的图案设计比较特殊，因为天丝面料柔软舒适，在印花设计时，图案多以清淡色系为主，图案具有写意、朦胧的感觉，突出面料的柔软，在电脑软件处理花型时，多使用高斯模糊，动感模糊等滤镜工具对图案进行柔化，在色彩上多选用同类色或类似色进行统一，图案适当增加跳跃的色彩来点缀画面。

2. 天丝面料圆网印花床品

如图4-32所示，这款床品的总体色调是绿色，因为我们一提起夏天，脑海中首先想到的就是绿色，绿色代表万物复苏的生机勃勃，这时的花卉也是郁郁葱葱，床品图案选择的是写实的花卉，花卉的造型简约时尚，枝干线条流畅，展现了一派栩栩如生、欣欣向荣的景象，花卉部分使用了白色和

图 4-31　天丝面料

图 4-32　天丝面料圆网印花产品（蓝丝羽）

浅灰色，白色和绿色的背景色彩相互融合。在花头的处理上，花头的颜色通过渐变映射进行两次着色，将花头上黄色和绿色相叠加，这样可以在不增加套色的基础上，使图案色彩更丰富。在印花设计中，每增加一个套色就要多一个滚筒，势必会增加成本，所以要注意对套色的控制。

叶子的面积和数量在整个床品中占了很大比重，叶子的套色比较简单，只用了一个绿色来表现，为了表现出叶子的轻薄透气感，在设计时可将叶子的透明度进行降低，这样叶子的颜色和绿色的底色可以更好地融合，更能表现出天丝面料柔软清透的质地，这是在天丝印花设计时要经常使用的小技巧，就是调整图案透明度，这样产品的细节才能更耐看。

这个床品的B版是用了比较简单的肌理晕染，因为B版在被套的反面，在设计中起到配套作用，一般A版用大花头为元素的，B版就不再用大的花头，以形成对比。这套床品整体的感觉是清凉舒适，散发出自然时尚之感，深受消费者青睐与喜爱。

3. 天丝面料平网印花产品

平网印花是先把花型按颜色拷贝到一张张长方形的丝网上，然后用刮刀在丝网上把颜色刮到布上，通过全自动化的高效率印制，印花机每小时产量为500～600m面料。

平网印花产品的特点是花型清晰，适合做颜色和花型整体效果要求高的订单，我们平常看到的一些独幅图案都是平网印花，平网印花的缺点是由于每刮一套色就要重复一个刮色动作，所以工作效率没有圆网印花高，印花成本也就上去了，一般平网印花的设计难度要比圆网印花大一些。

图4-33　天丝面料平网印花产品（蓝丝羽）

如图4-33所示，这款产品打破传统的平网设计，采用不规则构图，大气时尚，极具视觉冲击力。设计主题题材以动物、花卉为主，远景是一片广阔的空间，形成纵深感，给人无限遐想，呈现出世外桃源般的景象。色彩使用蓝色、黄色等素雅的色彩，手感柔软舒适，光泽亮丽，散发着奢华浪漫的气息。在图案处理上，同样最后层次的图案降低了透明度，这样层次比较明显，鸲鹆在画面中起到了画龙点睛的作用，让整个画面富有生机，一团团花卉精巧灵动，处理十分细腻。天丝图案设计的要求较高，图案处理需要既细腻又有层次感。

二、磨毛面料的印花产品

寒冷的冬天，特别是南方城市，有一款保暖舒适的床上用品是一件多么幸福的事情，秋冬产品基本上都属于功能型产品，既要图案、款式的设计感，还要产品面料有保暖性。

磨毛工艺为目前纺织业中比较重要的一种工艺。在秋冬床品中，磨毛面料应用非常广泛，它以手感柔软、舒适、质感丰厚、悬垂感强、易于打理、绒面丰满的特点吸引消费者，使用时给人一种暖暖的、柔柔的舒适感，而且颜色历久弥新，由于其工艺的独特性，磨毛产品不会有褪色，起球等品质问题，比一般的全棉布料好得多，重量也比一般的全棉布料厚重许多。

1. 磨毛面料

磨毛面料是全棉布料通过磨毛机和金刚砂皮的摩擦作用，所形成的一种仅在外观加以质变的品种。也就是说，在保留织物原有性能的同时，使织物表面形成了一层短绒毛，在赋予织物新风格的同时，既降低了磨毛织物的导热性，又增加了保暖性和柔软性，其色泽醒目，手感柔和，外观丰满悦目。磨毛面料的工艺相对印花面料来说要复杂得多，先经染整后，再经精湛磨毛工艺，风格独特，非常适用秋冬款的印花产品。

2. 磨毛面料印花产品特点

秋冬印花面料在设计风格上都是以暖色调为主，色彩饱满厚重，在花卉图案的选择上，多以水粉、油画效果为主，水彩的效果很少出现在秋冬产品中。磨毛面料图案的特点比较明显，图案厚重浓郁，能很好地表现出磨毛面料的特点。

3. 磨毛面料圆网印花产品案例

如图4-34所示，这款磨毛产品以绿色调为主，图案使用的是比较厚重的油画花卉图案，风格比较明显，有很强的艺术气息，花卉造型比较写意，笔触感很强，花卉以粉色为主，底色是绿色，其实绿色调在秋冬产品中使用的并不是特别多，但为了区分市场，将这款产品设计成绿色，有特立独行的意思，这款产品虽然是绿色，但色调还是比较浓郁的，符合磨毛面料的肌理风格，也符合秋冬产品的风格（图4-35）。

图 4-34 磨毛面料印花产品（蓝丝羽）

秋冬磨毛印花产品，如图4-36所示，这款磨毛产品和普通磨毛产品相比，色彩更加亮丽，给人以轻盈、透气之感，图案选择了简单时尚的叶子图

图 4-35 磨毛面料印花产品 AB 版细节（蓝丝羽）

图 4-36　秋冬磨毛面料印花产品（蓝丝羽）

案，叶子的色彩也比较鲜艳，秋季磨毛面料的设计和夏季天丝面料的设计在风格上是两个极端，两种面料的要求完全不一样，天丝面料要求柔和亮丽，磨毛面料要求饱满浓郁，但这款产品比较畅销的原因就是在磨毛工艺面料里加入了天丝图案的设计方法，表现得轻松自然，简约时尚。在底色的处理上使用了秋冬的豆沙色为基调，这样会让图案的整体色调偏暖色，符合秋冬的色彩要求。

在叶子的处理上使用多套色的渐变映射，让叶子的颜色更加丰富，因为这款产品中，叶子是主要元素，所以叶子的色彩和细节要丰富，图案整体才不会显得空洞，在构图上选择散点式排版方式，每一个元素是一组叶子，所以用散点式排版时，图案的构图效果才更和谐统一（图4-37）。

在寒冷的冬季，揽一袭磨毛面料的印花床品入睡，细腻的触感，贴身的温暖，触碰瞬间，厚实温暖，任何产品的设计都要在符合产品的功能性基础上寻找艺术感，甚至可以反其道而行之。

三、印花与绣花工艺相结合的产品

随着人们消费观念的改变，现在许多家长对孩子的养育已从“吃饱穿暖”转向“追求生活质量”，越发重视儿童家纺产品在孩子生活中起到的重要作用，特别是“80”后家长群体的壮大，他们的育

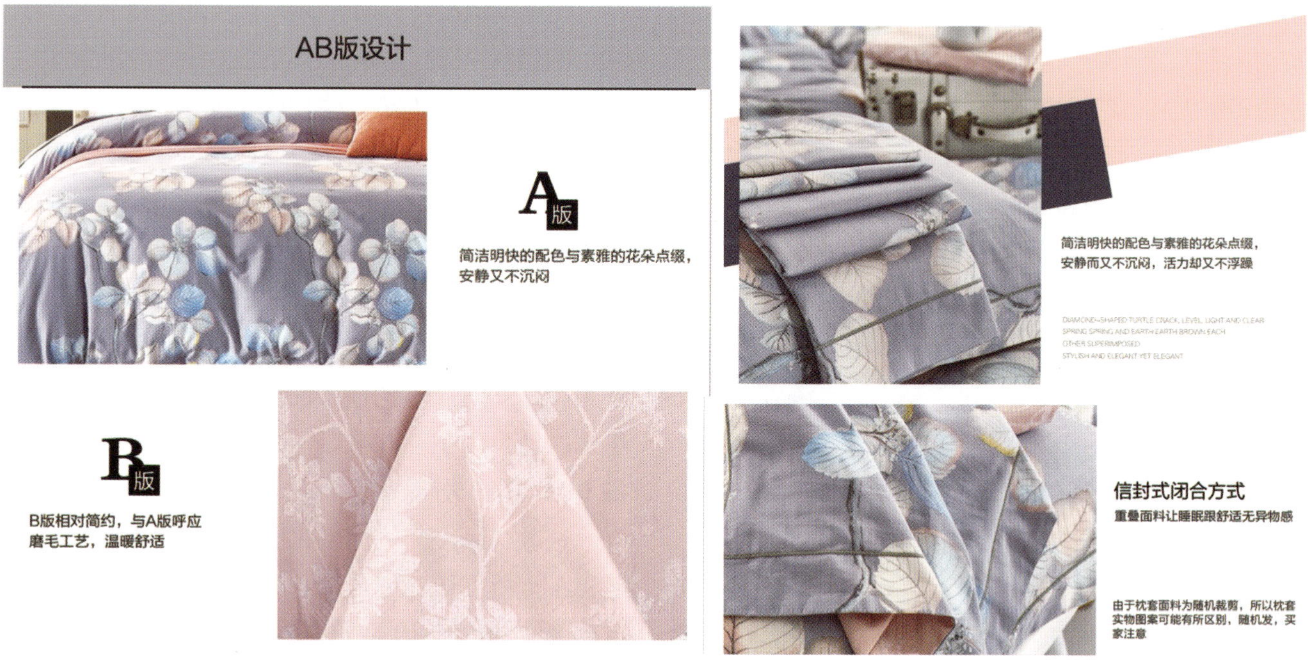

图 4-37　磨毛面料印花产品 AB 版细节（蓝丝羽）

图 4-38　绣花＋印花儿童床品

图 4-39　小黄鸭枕套

图 4-40　小黄鸭小抱枕

儿理念更使得儿童消费品市场不断扩容，为儿童家纺带来了巨大的发展空间。

随着儿童家纺市场的不断扩大，儿童家纺在行业标准、成本控制、面料选择、功能设计等多方面都对企业提出了更高要求。与普通家纺产品相比，设计儿童家纺产品需要根据儿童的审美标准，紧紧抓住儿童心理，将童话世界元素运用到产品设计与研发中，利用儿童最喜爱的形象、颜色等进行设计，丰富的卡通图案与鲜艳明亮的色彩，使产品充满童趣。

如图4-38所示，这是一款畅销儿童床品，它运用了印花+绣花的工艺，这种形式在床品中应用比较广泛，主要集中在儿童系列产品中。

这款绣花使用了毛巾绣，毛巾绣属于立体绣花，效果很像毛巾表面的肌理，故名毛巾绣。毛巾绣的触感和毛巾的手感一样舒服。被套上的图案使用毛巾绣工艺，让小黄鸭图案更加立体，有凹凸感。由于毛巾绣的肌理特征，不太适合表现太细腻、细节较多的图案，所以在这个产品的被套上方，选择了平绣工艺，这款产品也是平绣工艺和毛巾绣工艺共同结合的产品，平绣弥补了毛巾绣不能刻画细节的缺点，毛巾绣弥补了平绣肌理太平的缺点，所以这款床品中仅是绣花工艺就很丰富了。

枕套上设计了一组小黄鸭的造型（图4-39），让整个产品更富于故事性和情节感，儿童产品最重要的就是表达产品的情景性，一般以可爱、温馨、热闹的情景为主，在被套上、枕套上的小黄鸭造型各不相同，十分有趣。

这款床品的小抱枕（图4-40）使用了印花工艺，小抱枕在床品设计中起着画龙点睛的作用，要点明图案的设计主题，升华床品的艺术内涵，一般采用有创意的图案设计或有创意的工艺去完成，让

图 4-41　小黄鸭玩偶

图 4-42　小黄鸭可折叠被

绣花工艺和印花工艺不同的肌理效果产生对比，以丰富产品的设计语言。在印花产品设计中，印花工艺与绣花工艺相结合并不是同时用到被套或枕套上，可以是搭配使用，这样产品的视觉效果才更加灵活多变。

本款产品还有一个亮点，就是给床品配套了很多玩偶（图4-41），同时儿童产品还做了很多配套设计，将小黄鸭的元素用到了各种抱枕和玩偶上，使得产品整体配套效果更为统一。很多儿童喜欢这款床品也许就是因为喜欢这个玩偶，玩偶的底部结构可以拆开，拆开后是一个小被子（图4-42），可以说是兼具使用性和功能性的一款产品。通过分析充满童真童趣的卡通风格，发现在设计儿童产品时，一定要有爱心和创意，同时还要永远保持一颗童心。

四、印花与提花工艺相结合的产品

纺织品面料品类众多，提花面料也是其中一种，提花面料又分为家纺用料和服装用料。独特设计的提花面料，质感美艳别致。在光的照耀下，展现出流光溢彩，奢华复古的气质。

提花家纺面料在生活中的应用十分广泛。提花布的图案可分为大提花、小提花两种，其花色复杂、图案繁多，给用户带来了更为丰富的选择。时光流转，提花工艺一直延续到了现代，并与印花面料相辅相成，成为高端典雅家庭的品质之选。我们都知道提花面料是在织布时一起完成提花图案的织造，印花工艺是在提花面料上印染而成的。提花面料图案具有立体感，但面料较厚，相对成本也较高，印花面料则是平面的，正面图案清晰，反面较模糊。

如图4-43所示，这是一款提花工艺加印花工艺的床上用品，这款属于居家乔迁系列产品，主要针对的客户是年龄层次在40岁左右的消费群体，这款产品整体沉稳大气，床品的底料提花面料使用的是佩兹利纹样，经典又符合产品定位。在印花方面使用了欧式写实花卉，不同大小的花卉以散点形式进行满地布局，花朵与花朵之间穿插错落，盛开的繁花呈现出一片生机，同时加入经典欧式纹样，卷草纹缠绕花朵，形成窈窕秀美，跌宕多姿的旋律。色彩稳重大气，以高级的蓝紫色调为基础，穿插米色和橙色的点缀，低调素雅又高贵精细，呈现出沉稳内敛的艺术魅力，给人以优雅柔美的视觉享受。

在五彩斑斓的印花图案上运用浮雕效果的提花工艺，经纱、纬纱交错沉浮变化而组成的凹凸花纹，精美而极富变化。我们可以触摸起伏的花朵，在每个褶皱中感受阳光反射的光晕。设计师们天马行空的灵感创意，在一笔一画、一针一线之间成就印花加提花的臻品，把时光的美好描绘编织进家居的时光里！

图 4-43 提花 + 印花产品（蓝丝羽）

提花加印花的工艺主要针对的是成熟、有一定品位的消费群体，我们在设计产品时一定要根据消费群体的需要，根据特定消费人群的生活习惯、消费习惯去设计适合他们的产品，多积累生活经验，多感悟生活，一定会让你的设计更有深度。

第三节 不同风格适用性的印花产品

一、新中式风格印花产品

1. 风格

风格是一种形式，具有鲜明的艺术特征。风格的形成受到不同社会背景、政治、经济、文化、艺术等因素的影响，是时代的产物。家居生活中，室内纺织装饰品除了炫目的色彩搭配外，同样受各种地域民族文化、生活习俗的制约，形成了许多风格迥然的家居风格，不同家居风格装饰中的印花产品，首先要突出自身的设计语言特点，要兼具形式与内容美感。设计的起始阶段，印花产品的风格定位就好比设计的导航，是一个方向性的指引，这样在一个风格的框架里进行相应的设计与创新，会让最后的产品更加统一协调，突出整体性。

2. 新中式风格

如图4-44所示，提到“中国风”，我们骨子里的中式情结，让我们迫不及待地将刻有传统文化及智慧精髓的中国元素融入我们的设计与生活中，每每触及都会获得诸多感悟。中国文化对自然有着极高的推崇与热情，遍读唐诗宋词，我们发现其中囊括不少描写草木之景的美词佳句。

图 4-44 新中式风格产品

图 4-45 新中式风格平网印花产品（蓝丝羽）

3. 新中式平网印花产品案例

李白曾经在《南轩松》中写道："何当凌云霄，直上数千尺。"可见松树就是一种坚韧不拔、傲立不屈的精神代表。如图4-45所示，这款床品的主要花型选用了松树，松树在植物界是针叶树的一种，高瘦的形象，让人过目不忘。在松树下面描绘的是竹叶，我国著名画家李苦禅在画竹的同时，也非常赞赏竹的品格，推崇竹的精神，崇尚一个人要像竹子那样有气节。在松枝和竹叶间点缀工笔花鸟元素，是最能体现文人墨客的闲情逸致的。

禅意在松柏竹林间，在高山流水里，也在水墨画卷中。这款中式风格产品，色彩上以中性色米色、杏色、驼色等清雅色调为主。A版设计也采用独幅平网印花，排列上遵循中国画中大面积的留白，简约而意境深远。笔笔中式元素的描摹勾勒，展现了萦绕不散的宗禅意味，自然形成的韵味美态。而加入中式园林窗棂的元素作为边框，就如同一幅水墨画卷，协调完美。B版则选用了简洁的单色，这种传统元素与现代元素的碰撞，注定带来不一般的视觉震撼与享受。搭配独立版的枕头和靠垫，以简约内敛、精致古典的独特魅力，将经典融入生活，在现代家居中渗透中式传统元素，传递民族力量。充满灰调的莫兰迪配色，清冷素净却丰盈柔软，朴实之气凝集其表，绵绸之感冷却沉淀，底蕴之丰厚，若丹青妙笔之密腻，色韵之浅雅，尤似东方水墨之缥缈。

新中式印花产品设计更多地利用了后现代表现手法，颜色上体现了中式的古朴与端庄。印花图案造型精简，色调以中性色为主，巧妙地运用中式风格的改良与现代结合，时尚中流露传统元素，打造了一个雅致脱俗又舒适愉悦的中式禅意空间，让人回味无限。整个空间，传统中透着现代，现代中糅着古典，格调高雅、造型优美，富有中国传统文化的古朴韵味。新中式印花产品是设计师对传统文化的再设计，对中式风韵的现代演绎，俘获了众多家居爱好者的心，令人一见钟情。新中式风格产品是东方美学的进化论，是情结，更是情怀。

新中式禅意家居（图4-46）更偏重于讲究一种意境，超然脱俗。古朴单纯的色调、古色古香的图案，这些具有传统特色的符号，可以烘托禅意的家居氛围。禅，总能给人一种悠然淡定、清新脱俗的感觉。家，似乎也在找寻这份宁静。优雅新中式与现代联姻，不囿于传统，不取媚于西洋。回望传统，取一二精华，与其他风格混搭，精妙宛若水到

图 4-46　新中式禅意家居

渠成，全然没有违和感。这也许是东方自然之美在现代开出的浪漫之花。画龙贵在点睛，传统的意蕴，不在多而在于精、在于妙，不经意间流露出传统之美。

追寻传统的庄重和优雅，又寄情于自然山水的诗情画意。新中式印花设计，正是将传统东方美学融于现代审美设计，赋予空间与生活深远的意境情韵，成为当今家居设计界的一股清流。

二、自然田园风格印花产品

快节奏的城市生活，必然使人追求和向往田园般的轻松惬意。“回归自然的设计，是一种生活态度，是百转千回、追本溯源、探寻本质的理想；是繁复造作到纯粹自然的过程。”自然之美与人文之美完美结合，在繁华的都市中寻找一种宁静。田园风虽然不是最接近生活的类型，却是最接近人性的设计，它是人们回归本性，回归初心的方向。田园风格家纺产品与自然、艺术完美融合，让人们从冰冷的钢筋水泥里走出来，进入姹紫嫣红、绿树成荫、鸟语花香的原生态自然世界。

1. 田园风格的印花产品设计

是从大自然中汲取灵感的设计，如花草、树木、丛林、山川、河流、建筑、鸟雀……呈现美妙丰富的自然美景（图4-47）。

2. 田园风格印花产品案例

如图4-48所示，这款产品题材以动物、花卉为主，呈现世外桃源般热闹非凡的景象。远景是一片广阔的山川海洋，形成纵深感，给人无限遐想。被套A版设计中一只孔雀与百花相映生辉，孔雀作为一种跨越时代的审美元素，被不同的领域所青睐：文化界，文人墨客纷纷对其挥洒豪情，从不吝啬对它的赞美；时尚界，众多著名设计师以孔雀为元素，设计新颖，用色大胆。充满空灵之气的孔雀栖息于百花齐放的仙境之地，好似在讲述一段亘古

图 4-47　田园风格的印花产品（蓝丝羽）

图 4-48 田园风格平网印花产品（蓝丝羽）

的童话，笃定而优雅，画面生动美丽，恬静美好。以孔雀、百花为主画面，写意出人间仙境，加之蝴蝶与彩鸟的点缀，把画面映衬得更为生动，灵气逼人。运用大手笔挥洒描摹出一幅蓝天白云、高山流水、花鸟雀跃的绝美画面，由近及远层层递进，点线面合理分布，富有空间感。

被套的四角和边缘大胆采用欧式珠宝和卷草纹样作为装饰，素描表现的卷草纹盘绕着拱形的欧式建筑物，珠光宝气、流光溢彩，与水彩晕染的花朵一同演绎华美的乐章，繁花间浪漫原始的气息扑面而来。

印染工艺上采用数码印花，优点是套色不受限制，大量运用孔雀蓝、玫瑰红、青草绿，加以黄色、橙色等绚丽、明亮的色彩进行点缀，加入民族风情，规律中不失自由，画面清新明亮。独立版花型的精美枕套，同样延续A版的图案构图和风格，与A版相辅相成，而B版则整体是清新淡雅的浅紫色调，以衬托出A版，A版与B版相互协调，在面料、图案、色彩和文化元素上相互交融，彰显现代都市的个性思维与家纺新风尚。

突破传统的对称形式，采用不规则的构图，大气时尚，特色在于独幅花型、花纹细腻、色彩鲜艳，风格欧化大气、图案立体完整，极具视觉冲击力。即刻让人们从紧张的工作氛围中抽离出来，瞬间将居室带入自然、清幽的意境之中。设计师以孔雀为主要设计灵感，水彩晕染表现无论是柔滑的真丝，还是质朴的纯棉都将孔雀的优雅、高贵表现得淋漓尽致。

“回归自然，天人合一”再度成为我们生活的态度和居住的理念。将时尚的设计与自然界的花卉、动物、风景等元素糅合，不仅给人们带来感观的愉悦，还引领着家纺行业的时尚潮流与人们追寻内心所向往的生活方式。精致中透露华丽的民族风情，带给大家一种全新的民族时尚，释放现代民族风情的摩登魅力。处处洋溢着浪漫、典雅的独特味道，设计师们充分发挥着自己的想象力，将许多田园元素进行组合创新，在田园风的道路上越走越远，这些惊人的、美妙的设计，也一定会拓宽我们的思路，谁说田园风一定是某一个样子呢？它只要符合你心中的样子就可以了。

三、现代简约风格印花产品

1. 现代简约风格

现代简约风格就是让所有的细节看上去都非常简洁。简约不等于简单，简约并不是缺乏设计要素，不是简单的“堆砌”和平淡的“摆放”，它是经过深思熟虑后，经过创新得出设计和思路的延展，是一种更高层次的创作境界。那么给简约风格印花家纺产品（图4-49）加入最具时尚的现代元

图 4-49　现代简约风格印花产品

A版几何条纹设计　　B版黄调色彩搭配

图 4-50　几何简约风格印花产品（蓝丝羽）

素，以色彩的高度凝练和造型的极度简洁，在满足功能需要的前提下，将印花产品的图案、色彩以及工艺进行合理精致的组合，用最洗练的笔触，将设计的元素、色彩简化到最少的程度，往往能达到以少胜多、以简胜繁的效果。

2. 现代简约风格印花产品案例

几何图案在简约设计风格中占据主流地位，它以其独特的简约、大气、抽象的美感，给人带来时尚、现代的气息。如图4-50所示，这款印花产品，线条简练，造型简洁，A版采用了几何元素的重复，简单的圆、矩形和直线，巧妙地将其拼接运用，组成新的、充满张力的几何图形，没有复杂图案的装饰，在色彩上的选用更大胆活泼，灰色和黄色的搭配组合，白色几何纹样作为过渡色，使整体十分醒目亮眼。黄色系粗条纹很跳跃，简洁的直线条极具延伸美感，大尺寸的复古色块，色彩的碰撞与线条的和谐，为家居装饰带来新鲜的活力，简约又时尚。我们看到靠垫B版采用醒目生动的几何图案，借鉴了包豪斯建筑派和后现代化设计，经典简约的几何廓形，立体几何的规律摆放与拼接，小巧的矩形图形为产品注入全新的活力。圆形几何与条纹的协调搭配，醒目撞色的几何图案组合焕然一新。带有韵律感的几何印花产品更适合都市年轻人，也更适合现代家纺市场。

“现代简约风格”以其纯美的色彩组合，赢得人们对它的喜爱。当疲惫的身心对家的依恋越发强烈，人们想要的是轻松、自由的环境，“现代简约风格”自然就成了家居设计的一种风尚。简约而不简单，它是适度的生活态度，是一种境界，张扬理性与品位。简约主义所崇尚的正是通过流动的线条、有质感的材料及整体协调搭配让人在日趋繁忙的生活中得到彻底放松，以简洁和纯净来调节转换精神空间。它强调人情味、个性化的设计特点，追求运用尽可能少的材料、色彩等元素达到具有全新视觉审美的效果。它从简单舒适中体现生活的精致。

四、欧式婚庆风格印花产品

古时候，人们常用“良田千亩，十里红妆”形容嫁女场面的浩大及嫁妆的丰厚。而现代简单的一席婚床用品，就能让婚礼洋溢出幸福的色彩。

1. 欧式婚庆印花产品案例

如图4-51所示，首先映入眼帘的是盛开的牡丹花，呈现出一幅繁花似锦、热烈奔放的画面。牡丹是中国特产的名花，春末开花，花大而美，有“国色天香”之称。古代文人多喜欢用牡丹形容容貌艳丽、倾国倾城的女子。在套件上印牡丹，寓意女子尊贵美丽，生活富贵吉祥。A版中，牡丹花以满地的布局形式进行散点排列，花竞相盛开，不仅为美好婚礼锦上添花，还代表了新人对美满幸福生活的向往。花朵齐开放，还寓意新人的甜蜜爱情不分不离、幸福永远、共创财富。除了印花工艺，提花工艺的欧式纹样运用在婚庆床品，卷草纹旋绕盘曲于花枝和叶蔓，充满勃勃生机、如意绵延，寓意一生幸福美满。欧式古典纹样结合优雅的大花卉，线条饱满、立体感强，富有视觉冲击力，整幅画面呈现奢华、复古、大气的欧式风格。

2. 平网印花婚庆产品案例

设计师们力求通过画面唤醒爱情中的幸福感，运用具有传统的喜庆色彩——红色，象征充沛的活力、强有力的生命力，充满吉祥和喜庆（图4-52）。我们都知道，红色取吉祥之意，是中国婚礼中最能传达新婚喜庆的颜色，结婚当天选用红色套件，寓意喜庆吉祥，幸福美满，婚后日子红红火火。以红色为主色调的卧室不仅给人以喜庆、温暖的感觉，

图4-51　欧式婚庆产品（蓝丝羽）

还有大胆、浪漫、隽永、坚毅的寓意。同时兼具时尚流行元素的设计，让花朵唯美组合、相互交织缠绕，象征着生生不息，卷草纹与喜庆红相遇，弥漫着吉祥如意，谱出动人而高贵的爱之弦意。精致细腻的印花、灵动精美的提花、鲜艳明亮的色调，散发着不朽的热烈与浓郁的情感。B版，喜庆的红色大面积铺陈，节奏感和层次的色彩搭配，光泽的缎面面料，营造浓烈的吉祥喜庆之感，高品质的婚庆床品，轻松打造完美的婚房，为结婚的新人带来更多的爱和感动，让人感受婚姻中的喜庆和爱意，为未来储下满满的幸福，开启完美婚姻生活。

图 4-52　富安娜平网印花婚庆产品

思考题

1　如何进行服装服饰印花图案的配套搭配？
2　在室内纺织品配套中，印花图案设计起到很重要的配套作用，那么如何综合运用配套方法做到“变化中求统一，统一中求变化”呢？
3　如何进行文创产品印花图案的搭配组合？
4　在进行印花床品设计时怎样根据季节性兼顾面料的特点进行选择？
5　在进行印花床品设计时，如何将绣花或提花的工艺和印花工艺相结合来丰富视觉效果？

第五章
印花图案未来趋势

学习目标

【知识目标】分析最新印花流行趋势在图案、色彩、风格等方面的特点。

【能力目标】总结归纳最新印花流行趋势，具备设计趋势预测策划案的能力。

【素质目标】培养具备艺术与技术，创新与创意相结合的复合型综合设计素质。

教学过程

<table>
<tr><th colspan="3">阶段</th><th>教学过程</th></tr>
<tr><td>序号</td><td colspan="2">任务实施步骤</td><td>任务具体分解</td></tr>
<tr><td>1</td><td>资讯</td><td rowspan="2">参观展会
↓
市场调研
↓
素材收集
↓</td><td>●学习准备（采用线上线下混合式教学，教师讲解必备的专业知识要点，提供所需学习资料）</td></tr>
<tr><td>2</td><td>计划</td><td>●布置印花流行趋势预测报告工作任务（根据当季流行风向和主题，结合学习情境布置说明相关实际任务）
●制订趋势预测报告计划（教师参与学生小组工作分工，落实具体任务）</td></tr>
<tr><td>3</td><td>决策</td><td rowspan="2">设计构思
↓
制订方案
↓</td><td rowspan="2">●查阅搜集相关文字、图片和视频资料，教师带领参观相关展会（教学过程如遇重要展览等可供学习参观的第二教学现场，可调整相应课时，进行实地参观）
●参观拍照→素材收集→资料整理→归纳总结→趋势预测→完成报告</td></tr>
<tr><td>4</td><td>实施</td></tr>
<tr><td>5</td><td>检查</td><td rowspan="2">提交报告
↓
整体评审</td><td rowspan="2">●对印花流行趋势预测报告进行PPT演示，小组派代表分析
●对各组趋势预测报告进行总结分析（针对报告演示，进行专题讨论，学生主讲，工作室教师与任课教师共同引导）
●对趋势预测报告进行修改，并完成最终印花流行趋势报告演示PPT（学生课后完成）
●对趋势预测报告进行小组互评+教师评价，填写情境考核表等</td></tr>
<tr><td>6</td><td>评估</td></tr>
</table>

【设计任务】

<table>
<tr><td>项目任务十四</td><td>印花流行趋势预测报告</td><td>课时</td><td>8课时</td></tr>
<tr><td>工作任务内容</td><td>完成印花流行趋势预测报告</td><td>地点</td><td>展会现场</td></tr>
<tr><td>任务提交要求</td><td colspan="3">1. 结合国内外各大博览会发布的最新家居流行趋势资讯
2. 结合PANTONE最新一季发布的流行色进行色彩分析
3. 结合新材料、新工艺、新技术创新运用于印花流行趋势
4. 分组以印花流行趋势报告演示PPT进行汇报</td></tr>
</table>

【相关知识】

一、回归自然　天人合一

现代印花产品的设计不再是单单设计一块布，而是通过布艺整体设计，将各种生活方式的时尚流行风格传播到每一个家庭。同时，印花设计也是一种特殊的服务，是通过设计师和消费者直接的对话，创造出一种全新的生活方式和新的居室文化。人们从来没有停止过寻找美与更美的脚步，他们似乎总有新的灵感的源泉，伴随着新技术的不断进步，使“美”的表达和实现成为现实。

“美”将成为表达差异和肆意幻想的强大支撑与判断标准；而以人的感觉为关注点的新技术不断进步，使得“美”的表达和实现成为现实。将产品的艺术品位和审美特性作为产品设计的出发点，通过对美的感悟、对大自然的体悟、对时尚潮流的研究，不断实现自我突破和超越，始终如一地展现对“美”的追求。

快节奏的城市生活，使人更加追求和向往回归自然。近年来，流行的风格开始由繁复的奢华风逐渐回归自然，朝着简约、自然的风格发展，产品设计也更加贴近消费者内心诉求。自然之美与人文之美完全融合，在繁华的都市下寻找一份宁静。因此，田园自然风格的家纺、软装产品成为市场销售的主流，特别是对于追求品质生活的白领知识阶层具有很强的吸引力。在自然、原始、健康的观念影响下，返璞归真的自然风格摒弃了多余的元素或修饰，删繁就简。印花图案整体呈现开放和乐观主义风貌，同时突出个性的自由表达，反映人们对“美”的理解最直接的情感共鸣。设计师们就是带着这样的命题，远离尘嚣，将树木、花草、白云这些源于自然的元素在印花设计上大量运用，各色充满海洋、阳光、庭园的图案，不仅增添了室内情调，也带来浪漫与温柔的感受。树木、花草，这些源于自然的元素（图5-1），表现了自然、温馨、浪漫的情调，同时色彩也从大自然中汲取，体现“健康、绿色、环保”的设计理念。在面料的选择上，棉麻面料所带来的自然、舒适和呼吸感，带有浓烈而分明的个人倾向，营造出来的健康生活面貌，越来越受到向往慢生活的都市人的青睐。

二、中国文化　席卷全球

随着社会经济的发展，中国国力不断增强，中国文化席卷全球。在中国元素风靡全球的当今时代，新中式是近年印花花型市场上升最快的潮流风格，对于中国市场而言，在印花图案中添加中式元素，是设计师的一个惯用手法，也是许多高端业主的共同诉求。新中式风格是设计师对传统文化的再设计，它以精致古典的独特魅力对中式风韵进行现代演绎，可以将像青花瓷、荷花、仙鹤、山水等经典的中式元素运用到印花图案的设计中（图5-2），运用创新思维，以现代化的设计方式和手法，打造

图 5-1　自然元素

图 5-2　中式元素

出具有古典魅力的中式印花产品，更加契合现代人的审美需求。

再比如，可以将中国传统的经典纹样、带有美好寓意的吉祥图案，以不同的排版方式和不同的色彩搭配方式呈现，或是满铺循环，或是散点排列，结合经典的莫兰迪色调，为居住空间带来了浓烈的东方情结。

还有中国独有的水墨山水画，将绵延不绝的山脉、肆意流淌的河水以写意或工笔的表现方式呈现在印花图案上，每一处都体现了中国特有的诗词情怀。

最近几年很流行仙鹤元素，仙鹤通常带有吉祥的寓意，也是大型鸟类中被运用较多的一种。无论是站立还是飞翔的仙鹤，结合盛放的月季或祥云、竹子，更能展现中式风情。

多样演绎的新中式风格已成为受教育程度较高的新中产阶级室内家居软装饰的重要选择。新中式作为中国文化延续的符号，诠释着中国设计与中国艺术的魅力，有其独特的思想文化内涵。古典风格与现代风格的激情碰撞，衍生出无数素雅大气的中式风格产品，呈现出异常浓郁的东方情调。

三、“互联网+印花设计”

随着“互联网+”时代的到来，以及网络营销日益显现出来的低成本优势，电子商务平台被越来越多行业的经销商关注，很多行业转而涉入电子商务领域，“互联网+”提供给纺织企业大量大众创新带来的设计灵感和商业机会。而集成创新是一种创新性的融合过程，是通过创造性思维将企业的战略、技术、知识、资源、能力、组织和时间等各项要素经过主动的优化和选择，以最合理的结构融合在一起的整合和集成的过程，“互联网+印花设计”的模式集聚海量创意智慧，使设计师和面料开发商无缝对接，是改变传统纺织印染行业供应链的平台。

现在消费群体其实也在慢慢发生变化，上一代消费群体已经慢慢退出市场，年轻一代成为消费主流，年轻人对时尚、科技、体验式的东西有着狂热追求，他们都是“数字土著”，生活中的基本需求都可以在互联网上完成，所以要以互联网思维来设计时尚、科技、环保、生活化的花型。总之，电子商务是随着现代科学技术的发展、消费者价值观念的改变以及日趋激烈的市场竞争等诸多因素而催生并迅速崛起的，因此，未来印花设计在加强电商渠道建设的同时，还应注重线上线下一起积极变革、创新，实现全渠道融合。

四、个性定制　多元发展

设计时尚的家居风格并非一成不变的概念，它是随着消费者个性化消费需求和审美取向的变化而不断改变的。求新求异是人类的天性，是潮流变化的动力。当前的新一代家居消费者越来越趋向于多元化和个性化，印花产品的设计也将朝着风格多元化和设计个性化的方向发展。今天的印花产品设计不仅是围绕产品本身展开，也为个性消费者提供定制服务。个性化设计需要设计师与不同类别的消费者进行更多的交流和互动，设计师相当于专业买手，需要拓宽自身知识领域。设计师一方面要对时尚流行的各种要素非常了解，能富有创意地将这些要素融进产品设计当中；另一方面还要了解消费者的消费心理、文化修养、审美爱好，有针对性地进行产品设计服务。印花产品开发只有不断设计创新，紧跟或是引领潮流，才能满足人们对时尚美好生活的需要。只有从“心”出发，以设计诠释生活态度，追寻设计背后的质朴，才能打造有温度、有情感的“家”，以最纯粹的设计打造舒适的宜居空间。

在花型的设计与研发上，还增加了针对面料商和成品私人订制的服务。比如很多卖家在销售过程中会普遍遇到产品同质化严重的情况，还要为卖家提供差异化产品的柔性服务。通过大数据分析，了解客户市场消费者的诉求，提供资源素材库，定制花型设计风格，协助规避同质化销售风险，为卖家选择性定制的同时，还应提供满意的花型设计定制服务。

五、“大家居”理念深入人心

“大家居”理念是在个性化需求不断增长，企业急需转型升级下应运而生的。“大家居”不追求将几个家居品类硬生生组合在一起，而更加强调以整体家居需求为导向，以此构建一站式供应链，实现升级，这更加近似于一项系统工程，且跨行业痕迹明显。“大家居”理念的产生，可以说是市场的必然和用户的需求使然。从过去的只卖单一品类，到如今渗透到空间的角角落落；从原来的标准化制造，到现在随心所欲的定制，“全屋定制一体化”和“大家居”（图5-3）将日益成熟。因此，印花花型不仅仅是设计一块布，家纺企业也不只是单纯

图 5-3　全屋定制一体化和“大家居”

售卖床上用品，家纺与家居是生活、文化与艺术的交流、碰撞。从“卖布”到“卖生活方式”的跨越，是家纺企业的必由之路。因此，现在的家纺行业不仅仅是在卖一块布，越来越多的是在提供全屋软装解决方案，提供配套设计方案，已经从对床品的单一展示向整体软装趋势发展，充分体现了行业跨界整合的能力。

六、行业从“跨界”到“无界”

未来，家纺、家居的行业边界将会逐渐模糊，呈现一体化发展的趋势。跨界的整合是当前“大家居”整合的大潮流，而产品整体设计是当中最重要、最关键的环节之一。以往的产品设计都局限于本行业单一产品的设计，没有涉及其他行业的其他门类，现在的产品设计已经跨越了行业的界限。

随着消费者消费水平的提升、消费结构的升级，消费者对家纺产品的需求不仅仅体现在家纺产品本身，而会更加关注其文化品位，特别是与整体家装风格的匹配性。尤其在“大家居”概念下，这种融合已经越来越明显。家纺企业必须告别材料供应商这一单一角色，转而与家具、家饰和室内设计企业抱团发展，同时给消费者提供一站式、一体化的家居解决方案和服务。但是家居、家纺的融合不仅仅体现在产品品类的简单叠加，而是企业围绕不同消费者的需求来设定情境，以满足多层次消费需求。从“布艺时代”到“大家纺”时代、从“大家纺”时代到主张生活方式的“大家居”时代的转变，家纺产品也从实用消费品转型为流行时尚品。跨界家居整合设计要确定家居整体的装饰风格，在色彩和图案的配搭上做到有机统一、相互协调。产品的系列化配套设计，应从成品搭配应用的角度出发，甚至从整体软装的角度出发，进行产品的整体配套设计。

当前国内家居装修和装饰市场已经打破了行业的界限，正在由跨界走向无界。同样，家居硬装与软装也已经突破了原有的边界，家居一体化的经营方式逐渐成为发展趋势。以“跨界”和“无界”的理念进行跨行业的产品整合，以体验的方式演绎“大家居”场景。同时，内涵更为丰富的专业化“大家纺”随着消费需求的继续细化，必定涵盖越来越广泛的内容。尤其是随着消费者对产品要求的提升、家纺行业的日渐规范，不仅在品类上更为丰富，在产品质量、性能上也将更专业化。行业深度合作与融合，携手做好全屋定制，为消费者提供一站式服务，成品化是“大家纺”新生态的引爆点。

思考题

1 了解最新的印花流行趋势，试着分析其在图案、色彩、风格等方面的特点。
2 随着“大家居”时代的到来，印花图案设计是如何从“跨界”发展到“无界”的？
3 你认为学习印花图案设计对你今后的学习和生活有哪些帮助？

参考文献

[1] 黄国松. 染织图案设计高级教材[M]. 上海：上海人民美术出版社，2005.

[2] 黄国松. 色彩设计学[M]. 北京：中国纺织出版社，2001.

[3] 龚建培. 现代家用纺织品的设计与开发[M]. 北京：中国纺织出版社，2004.

[4] 龚建培. 装饰织物与室内环境设计[M]. 南京：东南大学出版社，2006.

[5] 徐百佳. 纺织品图案设计[M]. 北京：中国纺织出版社，2009.

[6] 王利. 印花面料设计[M]. 天津：天津大学出版社，2011.

[7] 汪芳. 家纺图案设计教程[M]. 杭州：浙江人民美术出版社，2009.

[8] 汪芳. 染织图案设计教程[M]. 上海：东华大学出版社，2008.

[9] 廖军，吴晓兵. 装饰图案基础[M]. 北京：高等教育出版社，2007.

[10] 吴元新. 中国蓝印花布纹样大全[M]. 上海：上海人民出版社，2005.

[11] 李波. 家用纺织品艺术设计[M]. 北京：中国纺织出版社，2012.

[12] 唐纪群. 谈艺术设计的灵感[J]. 上海工艺美术，2009(2)：86-8.